跟高级育婴师学育儿

（图解版）

马水学　主编

U0221087

化学工业出版社

·北京·

内容简介

《跟高级育婴师学育儿（图解版）》一书分婴幼儿生活照料和婴幼儿教育两个部分。

婴幼儿生活照料部分具体包括婴幼儿饮食照料，婴幼儿饮水照料，婴幼儿睡眠、二便、三浴照料，婴幼儿卫生照料，婴幼儿生长监测，婴幼儿预防接种。

婴幼儿教育部分具体包括婴幼儿动作技能训练、婴幼儿智力开发、婴幼儿行为及习惯培养、婴幼儿发展评价及个性化教学。

全书图文并茂，浅显易懂。不仅为新手父母和学习育婴服务的从业人员提供指引，更提供实操工作开展的步骤、方法、细节、技巧，可供新手父母和育婴服务从业人员快速入门、快速成长！

图书在版编目（CIP）数据

跟高级育婴师学育儿：图解版/马水学主编． —北京：
化学工业出版社，2022.4
（就业金手指系列）
ISBN 978-7-122-40769-6

Ⅰ．① 跟…　Ⅱ．①马…　Ⅲ．① 婴幼儿-哺育-图解
Ⅳ．①TS976.31-64

中国版本图书馆CIP数据核字（2022）第021252号

责任编辑：陈　蕾　　　　　　　　　　装帧设计：溢思视觉设计／程超
责任校对：王　静　　　　　　　　　　E-mail: isstudio@126.com

出版发行：化学工业出版社（北京市东城区青年湖南街13号　邮政编码100011）
印　　装：三河市延风印装有限公司
889mm×1194mm　1/24　印张7¼　字数183千字　2022年6月北京第1版第1次印刷

购书咨询：010-64518888　　　　　　售后服务：010-64518899
网　　址：http://www.cip.com.cn
凡购买本书，如有缺损质量问题，本社销售中心负责调换。

定　　价：39.80元

序

　　2015年7月国家标准化管理委员会批准发布了《家政服务　母婴生活护理服务质量规范》（GB/T 31771—2015）和《家政服务机构等级划分及评定》（GB/T 31772—2015）两项国家标准，意在对家政市场进行规范化管理。这是对家政行业的一次挑战，同时也是行业跨越式发展的一个良好契机。

　　随着社会的发展，对家政行业尤其是月嫂及育婴服务的需求大幅增加，同时也提出了更高的要求。

　　《家政服务　母婴生活护理服务质量规范》对不同级别护理服务的工作内容、护理技能及服务人员要求都做出了明确的规定，对母婴生活护理员（月嫂及育婴员等）提出了包括年龄、文化程度、服务技能、卫生习惯、职业培训等一系列基本要求，并将母婴生活护理服务分为一至五星级和金牌级共六级。《家政服务机构等级划分及评定》把家政服务机构从低到高划分为A、AA、AAA、AAAA、AAAAA五个星级，由国家标准化管理委员会下设的专门机构来进行打分、评级，最终按评定结果对各家服务机构挂牌。未来，消费者根据挂牌情况，就可以确认各家政服务机构的级别水准。

　　针对市场的变化和新标准的实施，本套丛书作者，中国家庭服务业协会母婴生活护理专业委员会常务副主任、金贝贝母婴连锁机构（中国·深圳）创办人马水学组织相关专家编写了"就业金手指系列"丛书。丛书以新国标为准绳，详细论述了月嫂、育婴师、催乳师、家政服务员以及养老护理员的工作职责、工作标准及工作内容，该套丛书是作者十几年理论研究和实践应用成果的系统总结，强调理论研究与工作实际的紧密结合。

　　本套丛书的出版，将有助于推动新标准在我国的推进和实施，对行业的发展起到积极的促进作用。

李兰萍

中国家庭服务业协会
母婴生活护理专业委员会主任

前言

　　全面放开二孩政策后，市场对家政行业育婴服务的需求将增加，月嫂、育婴师等职业炙手可热，这对家政公司是一次新机遇。

　　《家政服务　母婴生活护理服务质量规范》（以下简称《规范》）和《家政服务机构等级划分及评定》两项国家标准对家政市场进行了进一步的规范。《规范》对不同级别护理服务的工作内容、护理技能及服务人员要求都做出了明确的规定，并将母婴生活护理服务分为一至五星级和金牌级共六级。自此月嫂服务有了标准化质量规范参考。

　　对于最高级别的金牌月嫂，国标设置了多条硬性指标，包括提供金牌服务的母婴生活护理员需要取得高级家政服务员、高级育婴师、中级营养配餐员资格证书（或同等级的相关资格证书），具备48个月以上的母婴生活护理服务工作经历，至少累计48个月客户满意无投诉，可以对产妇进行心理疏导，对新生儿和婴儿进行生活照料及生活保健。对于没有相应职业资格证书的金牌月嫂，标准要求更高：需具备72个月以上的母婴生活护理服务工作经历，累计72个月客户满意无投诉。

　　不论是家政服务机构还是家政从业人员，都应不断提升自己的服务水平和技能，应对市场的考验和挑战。家政服务是一项专业性、技能性很强的服务，需要多种知识和技能的综合运用，从目前家政从业人员来看，大部分年龄偏大，文化程度及技能偏低，她们虽会做一些家务，但与现代社会要求的规范的家政服务还有很大距离，因此，建立科学严密的家政培训体系是每个家政服务公司保证服务质量、促进企业发展的前提。通过提高师资水平，不断提升培训水平，完善培训内容，最大限度满足学员学习需求和社会需求，提升家政从业人员整体素质。

　　《跟高级育婴师学育儿（图解版）》一书分婴幼儿生活照料和婴幼儿教育两个部分。婴幼儿生活照料部分具体包括婴幼儿饮食照料，婴幼儿饮水照料，婴幼儿睡眠、二便、三浴照料，婴幼儿卫生照料，婴幼儿生长监测，婴幼儿预防接种。婴幼儿教育部分具体包括婴幼儿动作技能训练、婴幼儿智力开发、婴幼儿行为及习惯培养、婴幼儿发展评价及个性化教学。

　　全书图文并茂，浅显易懂。不仅为新手父母和学习育婴服务的从业人员提供指引，更提供实操工作开展的步骤、方法、细节、技巧，可供新手父母和育婴服务从业人员快速入门、快速成长！

全书以技能为本，立足岗位实际，遵循规范化、标准化原则，实现各种操作和技能的可复制性、可操作性，但又不失因地制宜的灵活性。全书模块化设置，内容实用性强，不仅让读者学到技能，而且能通过技能实现就业、稳定就业。

由于笔者水平有限，书中难免出现疏漏与缺憾，敬请读者批评指正。

本书图片由金贝贝母婴连锁机构提供，尼卡儿童摄影，书中人物由陈美华、李容、匡仲潇等扮演，摄影师吴利福。

编　者

目录

第一部分　婴幼儿生活照料

第二部分 婴幼儿教育

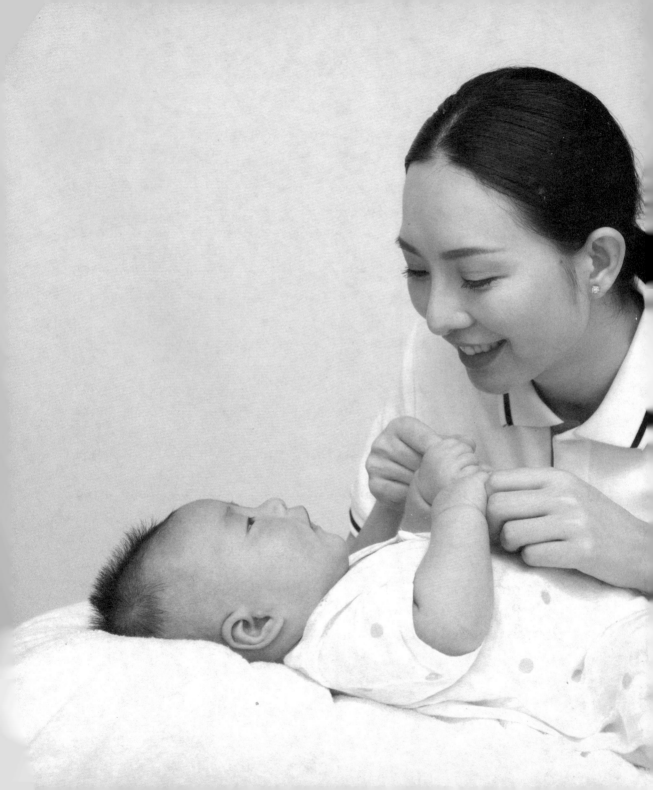

第一部分

婴幼儿生活照料

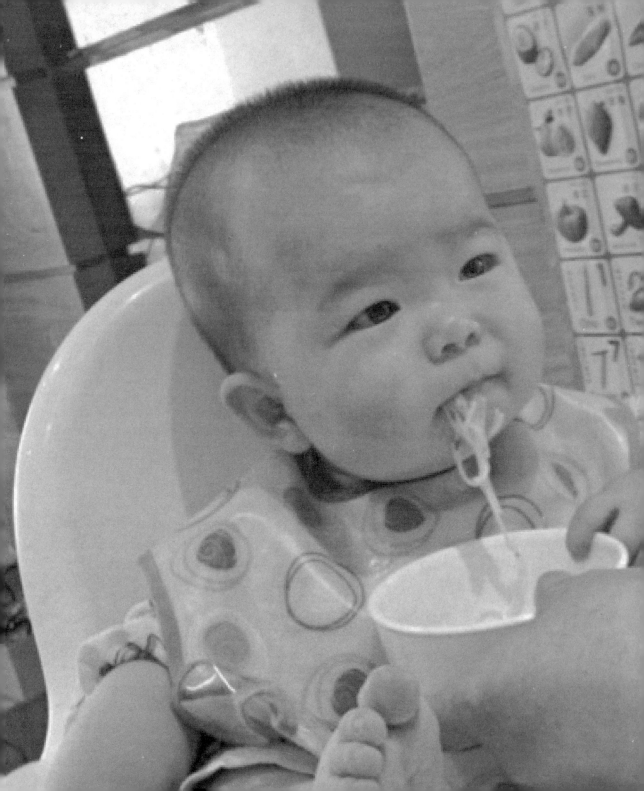

第 **1** 章

婴幼儿
饮食照料

◎ 母乳喂养指导

母乳喂养是为宝宝提供健康成长和发育所需营养的理想方式。

1.喂奶前的指导

（1）喂奶前，育婴师应指导妈妈清洁双手及两侧乳房。

（2）乳房过胀应先挤掉少许乳汁，待乳晕发软时开始喂哺（母乳过多时采用）。

2.喂奶姿势的指导

（1）侧卧式。以吃左侧乳房为例，妈妈左侧卧，左手臂放在枕头的旁边，宝宝侧身与妈妈正面相对，母婴腹部相贴，宝宝的小嘴与妈妈乳头处在同一平面。右手轻轻地搭在宝宝的臀部或扶着宝宝的头。这种姿势适合夜间哺乳。

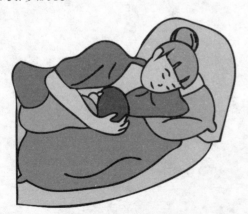

（2）摇篮式。这是最传统的姿势。以吃右侧乳房为例，宝宝的头部枕在妈妈的右肘窝，右前臂托住宝宝的脊椎，右手掌部托住宝宝的臀部。左手扶住宝宝或托住乳房的底部。

💡 育儿经

摇篮式适合早产、顺产的妈妈（因为剖宫产的妈妈可能会觉得这个姿势会压迫到伤口），以及吃奶困难的宝宝。摇篮式也是奶瓶喂养的较好姿势。

（3）斜倚式。用枕头充分地支撑起妈妈的身体，后背成45°斜靠在床上或者椅子上，宝宝横倚在妈妈的腹部，脸朝向妈妈的乳房，如果太低，可以在宝宝的身体下面垫个枕头，妈妈用手托起宝宝的背部，以便宝宝能够含住乳房。

育儿经

　　斜倚式适合坐起困难、涨奶的妈妈以及胃食管反流、胀气、鼻塞的宝宝。

　　（4）橄榄球式。以吃左侧乳房为例，妈妈左手掌握住宝宝的头枕部，左前臂支撑住宝宝的身体，左上臂夹持宝宝的身体或双腿于腋下。右手托住乳房。可用枕头适当垫高宝宝，让宝宝的头部靠近左侧乳房。

育儿经

　　橄榄球式适合剖宫产、乳头扁平或凹陷、乳房较大以及双胞胎的妈妈。

　　3.婴儿含接姿势指导

　　（1）指导妈妈用乳头轻触宝宝的嘴唇，当其嘴张大后，将乳头和乳晕放入宝宝的口中。宝宝的嘴唇应包住乳头和乳晕或大部分乳晕，下巴紧贴乳房。如宝宝不张嘴，需要用乳头刺激其唇部，当嘴张大时妈妈快速将乳头送进嘴里。

　　（2）退奶时妈妈用一手按压宝宝下颌退出乳头，再挤出一滴奶涂在乳头周围，并晾干。此法可以使乳汁在乳头形成保护膜，预防乳头皲裂的发生。如已有乳头皲裂发生了，此种方法对促进皲裂愈合有一定作用。

　　4.喂养后的指导

　　很多宝宝吃完奶后经常发生溢奶的情况，所以在给宝宝喂完奶后不要马上放在床上，而要先给宝宝拍嗝。

（1）拍嗝的方法。给宝宝拍嗝的方法有两种，具体如下。

① 竖抱拍嗝。育婴师一手托住宝宝的背和头，另一手支撑宝宝的屁股，将宝宝竖着抱起来，调整好位置，让宝宝的脸靠在育婴师的肩膀上。育婴师手掌略为拱起，呈半圆弧（类汤匙状），用空掌的方式轻拍宝宝背部，从背脊或腰部位置，由下往上拍，利用震动原理，慢慢地将宝宝体内的空气拍出来。

② 坐抱拍嗝。育婴师坐好，让宝宝坐在自己的大腿上，宝宝身体侧面稍微靠着育婴师的胸口，育婴师用虎口托住宝宝的下巴，另一只手先在宝宝背部轻柔画几个圆圈，然后以空掌的方式轻拍宝宝背部。

如果宝宝在拍打几次之后都没打嗝，可以考虑先抚摸再拍打。

（2）拍嗝的时机。给宝宝拍嗝需要掌握正确的时间，如果宝宝吃奶吃得正高兴，最好不要为拍嗝而打断他。应尽量利用喂奶过程中的自然停顿时间来给宝宝拍嗝，比如宝宝放开奶嘴或换吸另一只乳房时。喂奶结束后，也要再次给宝宝拍嗝。

 育儿经

由于宝宝还小，脊椎发育还不完善，在给他拍嗝时，一定要托好他的后背、脊椎以及头颈。拍的力气要适中，力气太小没有作用，而力气太大则会让宝宝不舒服。

5.增强产妇母乳喂养的信心

对于母乳喂养信心不足的新妈妈，育婴师要做好其心理护理。

（1）应该帮助新妈妈建立信心并给予指导，多与其交谈，鼓励其说出对母乳喂养的看法，并给予正确的引导。

（2）适当给予新妈妈表扬，以增强其信心，向其提供促进乳汁分泌的有关知识，阐明宝宝吸吮对泌乳量的影响。

（3）嘱咐新妈妈保持乐观情绪，减轻压力和忧虑，与亲属多交流，有利于乳汁的分泌。因为新妈妈的情绪、饮食、睡眠都对泌乳至关重要。

◎ 奶粉选择

宝宝奶粉的种类繁多，奶粉最重要的是适合宝宝，所以在选择时要避免盲目跟风。

1.根据宝宝体质选择奶粉

（1）对体质较弱，容易感冒、腹泻的宝宝，应遵医嘱喂哺适合婴儿体质的婴儿配方奶粉。

（2）每个宝宝的口味要求、消化能力、先天发育都不同，早产儿和轻体重儿要给予特别营养，喂哺专用配方奶粉。

（3）有的宝宝天生对牛奶或乳糖过敏，那就要喝不含牛奶、乳糖的配方奶。

（4）有的宝宝消化能力较差，换新牌子奶粉时要耐心观察消化情况。

2.根据宝宝月龄选择奶粉

（1）0～6个月宝宝。由于宝宝的吞咽反射不健全，淀粉酶较少，胆汁也少，所以，除了母乳以外，最理想的食品是不含淀粉、蛋白质适量（蛋白质含量过多既不利于消化，又加重肾脏负担，还可能导致过敏）、含易消化吸收脂肪的婴儿配方奶粉。应该选择标有"适用于0～6个月婴儿"的配方奶粉。

（2）6～12个月宝宝。此期宝宝适应能力、脏器功能较初生宝宝增强了许多，所需热能和其他营养素也多于初生宝宝，应提供足够的蛋白质、矿物质和热能，以保证宝宝生长发育所需要的营养素。所以，应该选择标有"适用于6个月以上婴儿"的配方奶粉。

该种奶粉的热能、蛋白质、碳水化合物及矿物质含量均稍高于"第1阶段"配方奶，但乳清蛋白与酪蛋白的比例大约降为50∶50，亚油酸与亚麻酸的比例也有所下降（从10∶1降至8∶1左右），还添加了乳脂，以增加胆固醇。

育儿经

新鲜牛乳仍不适合6～12个月的宝宝，因为新鲜牛乳中蛋白质、矿物质含量对他们来说偏高。

（3）1岁以上宝宝。1岁以上的宝宝，机体功能进一步增强，固体食物的种类和数量不断增加，奶类食品退居其次。此时，奶类由全营养功能性食品逐步向以提供钙源、蛋白质食品为主的方面转移。该期宝宝，可以选用第三阶段奶粉或"成长奶粉""助长奶粉"等。

育儿经

年龄段不同，奶粉成分也各不相同，月嫂应告知家长在选购时一定要认准奶粉的"段位"，并随着宝宝的成长及时变更。

◎ 奶粉冲调

1.调配奶粉

育婴师在配制奶粉时，一定要掌握正确

的方法，防止出现以下两种偏差。

（1）配制的奶太浓，造成宝宝消化不良。

（2）配制的奶太稀，长期服用会导致营养不良。

正确的方法是，应按照产品说明书的标准调配，不要随意更改。

2.调冲奶粉

人工喂养的宝宝，每天给宝宝冲调奶粉也需要科学的方法。

（1）冲奶前洗净双手，确保卫生。

（2）按需要量往奶瓶里倒入温开水（煮沸过的热开水冷却至40～60℃）。

（3）用奶粉专用匙舀起奶粉，将匙中的奶粉用筷子或刀子刮平，对准奶瓶口倒入。舀起的奶粉需松松的，不可紧压。

（4）套上奶嘴，左右摇晃奶瓶，使奶粉完全溶化。不要上下摇晃，以免产生过多泡沫。注意手不要碰到奶嘴，一定不要弄脏奶嘴。

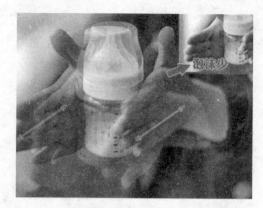

（5）将奶瓶倾斜，在手腕内侧滴几滴，确定适当的温度，感觉温热不烫即可。

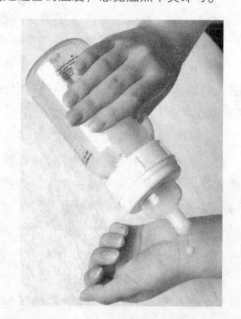

◎ 人工喂养指导

1.喂奶前的准备工作

（1）喂奶前要给宝宝换好尿布，把宝宝包裹舒适。

（2）用奶瓶给宝宝喂奶之前，须洗净双手。

（3）按照"奶粉冲调"中所述的方法正确调配和冲泡奶粉。

2.喂奶的正确姿势

（1）选择舒适坐姿坐稳，一只手把宝宝抱在怀中，让宝宝上身靠在喂养者的肘弯里，其手臂托住宝宝的臀部，使宝宝整个身体约呈45°倾斜。

（2）另一只手拿着奶瓶，用奶嘴轻触宝宝口唇，宝宝即会张嘴含住，开始吸吮。奶瓶底部要高于奶瓶前部，并始终保持宝宝吸入的是奶水而不是空气，这样可以有效防止用奶瓶给宝宝喂奶时引起的吐奶。

3.喂奶的注意事项

（1）宝宝每天需要配方奶的奶量是因人

而异的，奶量按宝宝体重计算。每日每千克体重需配方奶100毫升，如宝宝6千克重，每天就应吃配方奶600毫升，约3瓶奶，每3～4小时喂1次奶。

（2）宝宝开始吃奶后要注意，奶瓶的倾斜角度要适当，让奶液充满整个奶嘴，避免宝宝吸入过多空气。

（3）如果奶嘴被宝宝吸瘪，可以慢慢将奶嘴从宝宝口中拿出来，让空气进入奶瓶，奶嘴即可恢复原样。也可以把奶嘴罩拧开，放进空气后再盖紧。

（4）注意观察宝宝吸吮的情况，如果吞咽过急，可能奶嘴孔过大；如果吸了半天，奶量也未见减少，就可能是奶嘴孔过小，宝宝吸奶很费力。

 育儿经

育婴师应事先根据宝宝实际情况调整奶嘴孔的大小。

（5）不要把尚不会坐的宝宝放在床上，让他独自躺着用奶瓶喝奶而大人长时间离开，这种做法非常危险，宝宝可能会呛奶，甚至引起窒息。

（6）给宝宝喂完奶后，不能马上让宝宝躺下，应该先给宝宝拍嗝，让他排出胃里的空气，以免吐奶。

◎ 婴幼儿辅食添加

对婴幼儿来说，除母乳或配方奶粉外的一切食物都属于辅食，包括婴儿米粉、蔬菜汁、果汁等都属于辅食。

1.添加辅食的时间

世界卫生组织推荐，婴儿需在出生后6个月开始添加辅食，而欧洲等国则建议婴儿满4~6个月就可以添加辅食。

不管怎样，给宝宝添加辅食的时间不要早于4个月，也不要晚于7个月。过早添加会增加宝宝的胃肠负担，损害消化功能，也容易引起过敏。过晚添加则会造成宝宝营养不良，影响生长发育。

2.不同阶段辅食的特点

（1）4~6个月——吞咽型辅食。此时宝宝的辅食应以泥糊状为主，主要是锻炼宝宝吞咽、舌头前后移动的能力。食物性状应从稀糊状过渡到稠糊状。如米糊、果蔬泥糊等。

（2）7~9个月——蠕嚼型辅食。此时可为宝宝添加一些较软的食物，锻炼他通过舌头上下活动，用舌头和上腭碾碎食物的能力。如菜末面片汤、烂面条、苹果泥、麦片粥等。

（3）10~12个月——咀嚼型辅食。此时可为宝宝添加一些能用牙床磨碎的食物，让他练习舌头左右活动，能用牙床咀嚼食物的能力。如馒头片、面包片、奶酪、苹果片等。

（4）1岁以后——向成人模式靠拢。1周岁以后，宝宝开始长出磨牙，才慢慢过渡到应用真正的咀嚼能力。这之后宝宝要逐渐过渡到像成人一样吃饭，饭菜只需比成人的稍软稍细，直到磨牙全部长齐，就能像成人一样吃饭了。

 育儿经

辅食的性状应该从稀到稠、从软到硬、从细到粗，符合宝宝牙齿生长规律。

3.添加辅食的注意事项

（1）添加辅食的种类应循序渐进。一般来说，添加辅食的种类顺序为米→蔬菜、水果→面食→蛋黄→肉类→蛋清→豆类→鱼类→奶制品。

（2）高致敏性食物一周岁以后再添加。常见的高致敏性食物包括鸡蛋清、牛奶、大豆及大豆制品、鱼、虾、海鲜、花生等。虽然不是每个宝宝都会过敏，但一旦过敏，宝宝便会非常痛苦，为预防万一，最好等宝宝1岁以后，消化功能更成熟些再添加，这样会大大降低过敏的风险。

（3）不主动添加调味料。1岁以内不加盐、糖和任何调味料，1岁以后少加，这有利于保证宝宝将来的健康。

（4）辅食一开始不需要把宝宝喂到很饱，

几汤匙的量即可，然后慢慢增加。当然，还必须考虑宝宝的意愿。

（5）将食物装在碗中或杯内，用汤匙一口一口地慢慢喂，训练宝宝从小就开始适应大人的饮食方式。当宝宝具有稳定的抓握力之后，可以训练他自己拿汤匙。

（6）每次喂食一种新食物后，必须注意宝宝的粪便及皮肤有无异常，如腹泻、呕吐、皮肤出疹子或潮红等反应。若喂食三至五天内，没有发生上述的不良反应，就可以让宝宝再尝试其他新的食物。

（7）每个宝宝的个性不同，有些较温暾，吃东西速度慢，此时千万不要催促，只要想办法让宝宝的注意力集中在"吃"这件事上就可以了。

（8）吃东西的整个过程对宝宝来讲就是个游戏，不妨让他和食物玩在一起，从中他能学到：感觉、捣碎、涂抹及品尝食物。所以，不要怕宝宝吃东西的时候弄脏衣服和地板，可事先准备好大围兜，在地上铺上报纸，让宝宝吃得尽兴。

（9）在宝宝练习自己抓取食物时，不要将他独自留在那里而离开，以免食物卡到喉咙发生意外。

相关链接

如何判断辅食的添加效果

判断辅食添加效果怎样，关键不是看宝宝每次都能吃多少，而是要综合看以下4个方面的情况。

1.宝宝的生长情况

喂养的目的在于满足宝宝生长所需，而不在于吃多吃少。因此，看辅食添加效果如何，自然也要关注宝宝的生长状况，如果生长正常，就说明营养充足。衡量宝宝生长状况不是看当下长得多重多高，而应依据生长曲线来动态地看，进行综合评估。

2.神经系统发育情况

添加辅食不仅是补充营养，还担负有行为训练的任务，包括教宝宝学会咀嚼，锻炼宝宝的手眼协调能力、学习自理能力等。

3.消化系统成熟情况

宝宝的消化系统是逐步成熟的，辅食的刺激可以促进消化系统进一步成熟，但必须尽量规避过敏发生，是否出现过敏反应（如湿疹、荨麻疹、腹泻、便秘）也是判断辅食添加效果的一项重要指标。

4.进食习惯的引导

添加辅食的目的之一是实现宝宝和大人共同进餐，需要向家庭饮食习惯靠拢，同时要引导宝宝养成良好的进餐习惯，不偏食不挑食。

◎ 12个月内婴幼儿食谱设计

1.4～6个月婴儿食谱设计

（1）对4～6个月的宝宝，可以尝试着添加辅食，量不需要多，也不需要吃很多顿。一般情况下，4～6个月，每天安排一顿辅食，等满6个月后，再逐渐增加至每天2顿辅食。

（2）4～6个月期间，宝宝辅食应以婴儿米粉为主，其他为辅。刚开始添加辅食的时候，应单独喂婴儿米粉。初期，可将米粉调稀一点，适宜的稀度为调好后用勺子舀起来倾倒，能以不太快的速度一滴一滴地滴下来；到了后期，则可以稠一点，以增加营养密度。单独喂食几天或1个月的婴儿米粉后，可在米粉里添加其他种类的食物，如红薯泥、土豆泥、萝卜糊。也可将上述辅食与米粉分开喂食。

育儿经

婴儿米粉不等于家庭自制米粉或米粥，因为婴儿米粉是一种配方食品，其中添加了钙、铁、锌、维生素等多种营养成分，这是家庭自制米粉无法替代的，尤其是添加辅食早期。

（3）4～6个月宝宝的所有辅食都要足够稀，方便他吞咽。看是否容易吞咽，可以在辅食做好以后，摇动看一下，呈现出液态的流动状的，没有硬块也没有黏糊就是可以的。

（4）刚开始给宝宝添加辅食的时候，一顿喂1汤匙米粉就可以了，之后再喂奶。后期如果宝宝咀嚼、吞咽、消化能力发育比较好，米粉可以加到每顿4汤匙，还可另外添加1～2汤匙蔬菜泥或水果泥，之后再喂奶。

（5）为了给宝宝适应的时间，添加辅食种类应该慢一点，尤其是刚开始的4～6个月，应隔1周才能尝试另外一种。这样一种一种慢慢加，万一出现过敏，也能很快锁定过敏原，及时停止。

（6）肉类辅食虽然营养丰富，但在宝宝4～6个月这个阶段，还是尽量不要添加。因为肉类辅食不易咀嚼、消化，宝宝太小还不能接受；另外，肉类的味道浓郁，宝宝过早接触肉类，就不太容易接受蔬菜和粮食类的辅食了。而显然，只吃肉是满足不了宝宝的营养需求的。

（7）蛋黄是容易导致宝宝过敏的食物，4～6个月不建议给宝宝添加蛋黄，应等到宝宝7～9个月时再尝试，一旦发现过敏，就要继续推迟添加。

育儿经

给宝宝选择的婴儿米粉中，配料如果有蛋类、肉类、牛奶的要慎重选择。

（8）喂食辅食应选择在上午宝宝情绪最好的时候进行，这样更利于宝宝接受。在后期，当宝宝能吃的辅食种类增加到一定的程度后，育婴师可以参考下表来安排宝宝一天的饮食。

6个月宝宝一日膳食安排

餐次	食物
6:00	母乳或配方奶160～200毫升
9:00	米粉适量、苹果汁1汤匙、母乳或配方奶100毫升左右
12:00	母乳或配方奶160～200毫升
15:00	红薯糊30克、香蕉泥1汤匙、母乳或配方奶100毫升左右
18:00	母乳或配方奶160～200毫升
21:00	母乳或配方奶160～200毫升

根据宝宝的适应程度，上表中的红薯糊可以换成白米糊、鲜玉米糊、南瓜面糊、胡萝卜糊、藕粉羹等稀糊状的辅食。苹果汁、香蕉泥也可换为当季的新鲜水果制成的汁或泥。

育儿经

容易引起过敏的水果（如菠萝、芒果、桃子、猕猴桃、橘子、橙子等）最好等到宝宝1岁以后再吃。4～6个月这个阶段非常不建议吃。另外，热性的水果（如榴莲、荔枝、龙眼等）也不要给宝宝吃，以免宝宝上火。

2.7～9个月婴儿食谱设计

（1）经过了前3个月的适应，宝宝现在已经具备了一定的咀嚼和吞咽能力，此阶段开始，辅食就可以做得稠一些了，以便宝宝能摄入更多的营养。

（2）7～9个月的宝宝，可以尝试添加荤食类辅食，包括蛋黄、鸡肉、猪瘦肉、鸡肝、猪肝、猪血等。每天应给宝宝10～20克的肉类，但鱼肉、虾肉等高致敏性肉类仍不能添加。

需注意的是，添加荤食不能只喝肉汤，不吃肉。因为在煮肉食的时候，肉中会凝固大量的蛋白质，而汤中的蛋白质含量很少。正确的做法是少量喝汤，但不影响肉的摄入。

（3）随着宝宝长大，其胃肠功能越来越健全，对新食物的适应能力也越来越强了，所以添加新食材的频率可以高一点。之前是每周添加1种新食材，在7～9个月这个阶段则可以每隔3～5天尝试1种新食材，但一次只能添加一种，持续添加几天，经观察无过敏现象，才可换另外一种。

（4）7～9个月的宝宝吃水果，仍以榨汁、刮泥为主，也可以切成条让宝宝自己抓着吃。因为这个阶段的宝宝正处在萌牙期，大多喜欢咬东西，水果条正好起到磨牙的作用。育婴师可将苹果、梨、香瓜等做成拇指粗的长条给宝宝抓着吃。具体多长，应以让宝宝把握着后可露出一点头正好能咬住为佳。太短宝宝握不住，有可能被折断，也容易被宝宝大块咬下，造成卡喉。

除了水果外，萝卜、黄瓜等类似水果的蔬菜也可以做成磨牙条给宝宝吃。

育儿经

给宝宝吃蔬菜或者水果条时，一定要有大人在旁边看着，一旦发现他咬下一大块，就要及时从他嘴里掏出来。

（5）此阶段的辅食仍然是每天2顿，但这2顿应该作为独立的一餐，不需要在吃完辅食后还要喂奶了。可以安排早餐吃母乳或配方奶，午餐和晚餐吃辅食，然后在早餐和午餐之间、午餐和晚餐之间以及睡前再各吃一次母乳或配方奶，作为加餐。育婴师可参考下表来安排宝宝一天的饮食。

7～9个月宝宝一日膳食安排

餐次	食物
6:00	母乳或配方奶200～250毫升
9:00	母乳或配方奶200～250毫升
12:00	莴笋大米粥适量、半个蛋黄泥、胡萝卜泥1汤匙、梨汁1汤匙
15:00	母乳或配方奶200～250毫升
18:00	鸡肉南瓜粥适量、番茄泥1汤匙、葡萄汁1汤匙
21:00	母乳或配方奶200～250毫升

当然，上表中的辅食可以换成山药红枣泥、玉米粥、南瓜糙米浆、鸡肝胡萝卜粥、番茄蒸蛋、牛肉土豆粥、肉末茄泥、西蓝花土豆泥、黄瓜胡萝卜汁等稠泥糊辅食。水果可换为当季的新鲜水果制成的汁或泥，或切成水果条给宝宝吃。

3. 10～12个月婴儿食谱设计

（1）经过前面几个月的锻炼，宝宝已经学会咀嚼了。到了第10～12个月，特别是后半期，可给宝宝尝试些固体食物，比如煮得软烂的面片、软米饭、碎菜叶等。虽然宝宝没有磨牙去处理，但这些软质的食物，牙床和舌头可以把它们磨烂。

（2）10个月后，宝宝的消化能力、吸收能力也越来越强了，此时可以让他尝试一些脂肪含量比较高的食物，如猪肉、羊肉。另外，在制作辅食的时候，也可以添加少许的油脂，如植物油、黄油、奶油。

（3）10个月后，宝宝吃辅食的顿数和每顿吃的量都有所增加，但每个宝宝的食量有所不同，只要宝宝还吃就可以喂，不吃了就可以停喂，宝宝自己知道饥饱。

一般来说，10个月后的宝宝1顿的食量可以参考以下方案。

①1顿只吃粥的量，包括2汤匙米、1茶匙鸡肝末、1调料勺芝麻粉、1茶匙芹菜末。

②1顿只吃面的量，包括婴儿龙须面半把、1茶匙肉末、1茶匙油菜末。

（4）10～12个月的宝宝，牙齿的咀嚼力度和舌头灵活度都已经有了很大的提高，给他吃水果的时候，汁、泥仍是首选，水果条也可以继续沿用，还可以让他直接尝试整个水果。如苹果、梨洗干净后，不削皮，直接给宝宝，让他在吃的过程中尝试把皮啃下来再吐掉。如果是吃葡萄，剥皮之后喂给他，让他自己把籽吐出来。吐皮和吐籽练习，可以进一步提高宝宝舌头的灵活度，对他尽早掌握饮食安全的相关技能，对提高语言能力也有好处。

 育儿经

练习吐籽的水果一定是籽比较小的水果，如西瓜、葡萄、石榴，即使没吐出来，吞下去也不会噎着。而像红枣、荔枝之类籽比较大的，就不要让宝宝练习了，以免噎着。

（5）此阶段的宝宝，可能会拒绝自己的辅食，而想吃大人的饭菜。在这种时候，大人可以把宝宝的辅食放入自己跟前或放菜盘子里，宝宝要的时候就给他吃，让他误以为自己吃的和大人的一样。建议不要给宝宝吃大人饭，即使是比较容易吞咽或咀嚼的饭菜也不行。这一方面会给宝宝的消化、代谢系统带来负担，另一方面会让宝宝味觉发生变化，不再喜欢自己清淡的辅食，容易养成宝宝的重口味，从而影响健康。

（6）10～12个月的宝宝，可以与大人同步吃一日三餐，在每两餐之间喂些母乳或配方奶作点心。育婴师可以参考下表来安排宝宝一天的饮食。

10～12个月宝宝一日膳食安排

餐次	食物
6:00	鸡肝芝麻粥
9:00	母乳或配方奶200～250毫升
12:00	油菜肉末龙须面适量、洋葱滑蛋适量
15:00	母乳或配方奶200～250毫升
18:00	豌豆泥软饭适量、番茄蛋花汤适量
21:00	母乳或配方奶200～250毫升

同样地，上表中的辅食可以换成莲藕蒸肉泥、高汤豌豆粥、芝麻山药泥、银耳小米粥、西葫芦蛋饼、三色软饭、荸荠莲藕汤等。水果可换为当季的新鲜水果。

下面介绍几道辅食的制作方法。

白米糊

材料：

大米1汤匙。

做法：

将大米洗净，放入锅中，加入适量水，大火煮开，转小火，煮至米粒全部开花后再倒入榨汁机中打碎成米糊，放温即可喂食。

建议：

煮粥要一次性放足水，不要煮干了再加水，这样粥的口感会很差。刚开始的时候，水、米的比例为10:1，之后随着宝宝的进食能力增强可以调整为7:1、5:1。

特色：

米糊富含淀粉和碳水化合物，容易让宝宝消化吸收。适宜4个月以上的宝宝食用。

鲜玉米糊

材料：

鲜玉米棒3厘米长一段。

做法：

将新鲜玉米棒上的玉米粒剥下来，用清水洗净后放入榨汁机，加入少量水打碎，倒入滤网，滤除渣滓。锅中放入适量的水，将过滤好的玉米糊倒入锅中，大火烧开，转小火，边煮边搅拌，煮至玉米糊黏稠，关火。放温即可喂食。

建议：

玉米属于粗粮，不能给宝宝喂太多。

特色：

玉米味道香甜，营养丰富，能促进宝宝的视觉发育，还能提高宝宝的抵抗力，是做辅食的好材料。适宜4个月以上的宝宝食用。

南瓜糊

材料：

南瓜一小块，水适量。

做法：

将南瓜洗净削皮、去瓤，切成小块，放入锅内蒸熟。把南瓜研磨成泥，放温即可喂食。

建议：

如果宝宝吞咽能力不行，可加少量开水搅成糊后喂食。

特色：

南瓜营养丰富，色彩感强，口感清甜，气味芳香，是受宝宝喜爱的一道辅食食材，还可与多种食材混搭。适宜5个月以上的宝宝食用。

香蕉泥

材料：

香蕉中段取2厘米长一段。

做法：

将香蕉去皮，放入碗中，用勺子压烂成泥，直接喂给宝宝即可。

建议：

如果宝宝吞咽能力还不行，可以加少量开水搅拌成稀糊喂食。另外，应选择熟透的香蕉，生香蕉会有酸涩感。

特色：

熟透的香蕉口感软糯，营养丰富，非常适合当做辅食来喂养宝宝。适宜5个月以上的宝宝食用。

蛋黄泥

材料：

鸡蛋1个。

做法：

将鸡蛋放在电热锅蒸熟或者置入清水中煮熟，取出蛋黄，用汤匙压碎，加入少许开水就可以喂食。也可将蛋黄泥用配方奶、米汤、蔬菜汁等调成糊状，即可食用。

建议：

刚开始给宝宝喂蛋黄时，量要少些，每次1/4就行，没有不良反应，以后可以逐渐增加到1/2，一直到整个蛋黄。

特色：

蛋黄泥软烂适口，微咸，营养丰富，喂给宝宝吃既可营养大脑，又可满足他对铁质的需要。适宜6个月以上的宝宝食用。

鸡肝胡萝卜粥

材料：

鸡肝1块，胡萝卜1小段，米饭2大勺，高汤适量。

做法：

将胡萝卜洗净、去皮后切成碎末煮熟备用。将鸡肝洗净后放入开水中烫去血沫后煮熟备用。将两种食材混合后捣成泥。米饭加入高汤，用小火煮成粥。把鸡肝胡萝卜泥倒入粥中，拌匀，放温即可喂食。

建议：

胡萝卜是可以生吃的菜，偶尔可以把生胡萝卜打成泥或糊加到其他辅食中喂给宝宝吃。

特色：

鸡肝胡萝卜粥铁质丰富，是补血食品中最常用的食物，且还能增强人体免疫力，促进宝宝成长发育。适宜6个月以上的宝宝食用。

西蓝花土豆泥

材料：

西蓝花2朵，土豆1小块。

做法：

将西蓝花洗净，土豆洗净、去皮，全部切成小块后放入锅中煮至软烂，捞出后放入碗中，将其捣成泥，放温即可喂食。

建议：

如果捣成的泥比较干，宝宝不好吞咽，可以放些刚刚煮菜的水调一下。

特色：

西蓝花属于十字花科蔬菜，富含叶酸和多种维生素，常吃西蓝花，可提高宝宝免疫力。土豆含有丰富的淀粉和碳水化合物，能为宝宝提供充沛的体能。适宜6个月以上的宝宝食用。

番茄蒸蛋

材料：

番茄半个，鸡蛋1个。

做法：

将番茄放入开水中浸泡一会儿，捞出来剥去外皮，切碎，放入碗中。把鸡蛋磕开，将蛋黄分离出来打散，加入等量的水，搅拌均匀后淋在番茄块上。蒸锅中放水，将整碗淋入蛋液的番茄放在蒸架上，开火，蒸至蛋黄熟透，约10分钟。用勺子把蛋黄和番茄碾碎，放温即可喂食。

特色：

番茄营养丰富，入口即化的蒸蛋和酸甜的西红柿，会让初尝美食的宝宝爱不释手。适宜6个月以上的宝宝食用。

芝麻山药泥

材料：

黑芝麻1调料勺，淮山药1小段。

做法：

将黑芝麻放入锅中炒香，取出用勺子或擀面杖将其碾碎。将淮山药洗净去皮后切小丁，放入锅中加适量水煮熟，捞出碾成泥。将碾好的芝麻粉倒入山药泥中拌匀，放温即可喂食。

特色：

山药泥很容易塑形，育婴师可以做出任意造型，能吸引宝宝的注意力。另外，芝麻含铁量较高，可以适当给宝宝吃一点。适合10个月以上的宝宝食用。

三色软饭

材料：

西蓝花3朵，南瓜1小块，鸡肉1块，软米饭适量。

做法：

西蓝花洗净，掰成小小朵，入沸水焯烫一下捞出；南瓜去皮，切成0.5厘米的小丁；鸡肉洗净切薄片汆烫，捞出撕碎或切碎；把三样食物装盘，淋上几勺高汤（猪骨汤或鸡汤），入蒸锅蒸熟；吃的时候可搭配烂米粥、软米饭。

特色：

适合10个月以上的宝宝食用，营养比较均衡，有利于锻炼宝宝的牙齿。

西葫芦蛋饼

材料:

西葫芦1小段, 鸡蛋1个, 配方奶10毫升, 面粉、油、高汤各适量。

做法:

西葫芦洗净去籽, 擦丝再切碎。鸡蛋取蛋黄打匀。把西葫芦和蛋黄液混合, 加入配方奶和少量水, 倒入适量面粉, 搅拌成较黏稠的面糊。平底锅抹油, 烧热, 舀取一勺面糊倒在锅里, 摊成圆形, 慢火煎至双面金黄, 熟透即可。取适量的高汤烧开, 将饼撕成小块放入, 泡软后喂给宝宝吃。也可切成块, 让宝宝自己拿着吃。

特色:

西葫芦有除烦止渴, 清热利尿, 润肺止咳的功效。此饼色泽诱人, 口感极佳, 很适合10个月以上的宝宝食用。

荸荠莲藕汤

材料:

荸荠2个, 鲜藕1小节。

做法:

将荸荠洗净, 削去皮, 切成小块; 莲藕洗净, 切成小块。将切好的荸荠和莲藕一起放入锅中, 加入适量水, 大火煮开后转小火煮20分钟。放温即可喂食。喝完汤后, 可将荸荠和莲藕捞出, 捣成泥, 喂给宝宝吃。

特色:

这款汤有清凉、去火、润燥的功效, 比较适合大便干燥的宝宝食用, 但腹泻的宝宝最好不喝。适合10个月以上的宝宝食用。

◎ 1岁幼儿食谱安排

满1周岁后，宝宝对食物的接受能力已经大大提高，大部分食材都可以给他尝试食用。而且，宝宝的营养需求主要依靠辅食提供，到1岁半以后，辅食所供的营养就要超过配方奶或母乳。

1.餐次安排

1岁以后，宝宝的饮食可以遵循一日三餐两点心的节奏，三餐的时间和大人进餐时间一致。在每两餐之间，可以给点饼干、馒头片、水果等零食。

2.膳食安排

（1）合理搭配食材，建议每天按照至少10种、每周至少30种食物的标准，荤食和素食搭配，陆产的和水产的搭配，禽肉或蛋类和动物肉搭配，不同颜色的食材搭配。因为不同特征的食材有不同的营养偏重，只有针对食材特性充分混搭，营养才不会缺失。

（2）此阶段，宝宝仍需要大量的奶制品来补充蛋白质，每天需要400～500毫升的奶类食品。配方奶是最佳选择，还可以在食物里添加奶酪等奶制品。配方奶可以在晚餐时和晚餐后喝。

（3）宝宝的乳磨牙萌出后，可以尝试给他偏软的固体食物，如米饭、馒头、面包、水果、蔬菜等，只要质地不是特别硬，都可以固体的形式给宝宝吃。比如馒头、面包等不用汤泡，可以掰成小块喂给宝宝吃；米饭也可以煮得软一点，直接喂食。

（4）对于一些味道比较难接受的食材，如鸡肝、猪肝，可以尝试添加少量的调味料后做给宝宝吃，但不可添加料酒、辣椒、胡椒等刺激性调味料。

护理经

孩子虽然可以吃调味料了，但调味料的使用量和种类都要尽量少，能不加就不加。

（5）随着宝宝消化功能的提高，到了这一阶段，可以开始尝试添加一些高致敏性食物，如虾、花生、芒果、猕猴桃、橙子等。给宝宝吃的时候，一次不要太大量，并且只能吃一种，不要两三种一起混吃。如果出现了过敏现象，要及时停喂并就医。

（6）1岁以后，辅食种类虽然丰富了不少，但有些食物最好还是不要给宝宝吃，避免摄入不良物质，影响健康或者大脑发育，也可避免宝宝形成不利健康的食物偏好。如膨化食品、果冻等零食；各类人工饮料；爆米花、皮蛋、罐头等食品；巧克力、奶油蛋糕、方便面等。

（7）对1岁多的宝宝来说，水果是辅食的重要组成部分，为宝宝提供维生素和矿物质，可安排在两顿饭中间吃。水果味道甜美，宝宝很容易就会吃下很多水果，而宝宝的胃容量有限，这样就会影响其他食物的摄入，因此要控制好水果的摄入量，以便宝宝吸收充足的营养。

（8）育婴师可协助父母，尽可能地在家动手给宝宝做点心。点心的种类最好选择可以冷吃的类型，这样随时拿出来就能吃。

护理经

做点心的时候，可以让宝宝跟自己一起动手，让宝宝参与其中，能锻炼他的手眼协调能力，让他体会劳动的乐趣。

3.一周食谱推荐

（1）周一膳食安排如下表所示。

周一膳食安排

餐次	食物
早餐	配方奶300毫升、馒头1块
点心	苹果半个、饼干2块
中餐	黄豆芽蒸蛋羹1份、冬瓜瘦肉汤1份、炒芹菜1份、软米饭适量
点心	香蕉半根、自制点心1块、板栗1颗
晚餐	鱼肉龙须面适量、清炒油菜1份
睡前	配方奶200毫升

（2）周二膳食安排如下表所示。

周二膳食安排

餐次	食物
早餐	配方奶200毫升、黑米粥小半碗
点心	柚子1瓣、面包1块、奶酪片1片
中餐	羊肉荸荠馅小饺子适量、炒芹菜1份、豆腐糊1份
点心	香蕉半根、饼干2块、核桃1个
晚餐	香菇胡萝卜蒸蛋羹1份、配方奶大米粥1小碗
睡前	配方奶200毫升

（3）周三膳食安排如下表所示。

周三膳食安排

餐次	食物
早餐	配方奶300毫升、馒头1块、糖醋圆白菜1份
点心	苹果半个、蛋糕1块、板栗1颗
中餐	彩椒茄丁1份、紫菜豆腐蛋花汤1份、软米饭适量
点心	甘蔗汁2大勺、饼干2块
晚餐	豌豆糊煮龙须面1碗、冬瓜炒虾仁1份
睡前	配方奶200毫升

（4）周四膳食安排如下表所示。

周四膳食安排

餐次	食物
早餐	配方奶300毫升、木耳炒白菜1份、蒸南瓜1份
点心	蛋糕1块、核桃1颗、柚子1瓣
中餐	清蒸鳕鱼1块、莲藕泥1份、木耳蒸蛋羹1份、大米红小豆饭适量
点心	馒头1块、香蕉半根、板栗1颗
晚餐	白菜香菇鸡肉馅小馄饨1碗
睡前	配方奶200毫升

（5）周五膳食安排如下表所示。

周五膳食安排

餐次	食物
早餐	配方奶300毫升、凉拌土豆丝1份、蒸红薯1份
点心	馒头1块、苹果1块、葵花籽1小把
中餐	牛肉胡萝卜香菜馅小包子3个、鸡蛋紫菜汤1份
点心	饼干2块、香蕉半根、核桃1颗
晚餐	大米红豆粥1碗、清炒圆白菜1份
睡前	配方奶200毫升

（6）周六膳食安排如下表所示。

周六膳食安排

餐次	食物
早餐	配方奶300毫升、南瓜糊拌大米软饭1份
点心	煮鸡蛋1个、柚子1瓣、饼干1块
中餐	鸡肉山药泥1份、荸荠红枣汤1份、软米饭适量
点心	奶酪片3片、面包1片、香蕉半根
晚餐	紫菜龙须面1碗、羊肉汆白菜1份
睡前	配方奶200毫升

（7）周日膳食安排如下表所示。

周日膳食安排

餐次	食物
早餐	配方奶300毫升、馒头1块、莲藕泥1份
点心	自制点心1份、苹果半个、枣泥1份
中餐	虾仁炒西蓝花1份、清炒圆白菜1份、软米饭适量
点心	自制点心1份、柚子1瓣、板栗1颗
晚餐	大米山药燕麦粥1碗、莲藕蒸鸡蛋羹1份
睡前	配方奶200毫升

下面介绍几道菜点的制作方法。

彩椒茄丁

材料：

红柿子椒和黄柿子椒各1/4个，茄子1段、瘦猪肉1小块、蒜1瓣，植物油、盐、糖各适量。

做法：

将柿子椒、茄子、瘦猪肉全部切成小丁。将锅烧热后倒入植物油，放蒜末炒香，接着放入瘦肉煸炒至肉变成白色，然后放入茄子炒至发软，放入柿子椒翻炒至发软后，加入盐、糖翻炒均匀后出锅。

特色：

柿子椒色彩鲜艳，有一种独特的香气，且含有的辣椒素能刺激唾液分泌，增进宝宝的食欲，有助于消化。

虾仁炒西蓝花

材料：

虾3只、西蓝花3小朵、蒜1瓣，盐、植物油各适量。

做法：

将虾放入水中煮熟，取虾肉切成小段。西蓝花放入盐水中浸泡10分钟后洗净，切成小片后放入开水中焯烫2分钟。起锅放油烧热，放入蒜末炒香，倒入虾段、西蓝花片、盐快速翻炒均匀后出锅。

特色：

虾仁含丰富的蛋白质和钙质，易于吸收，且肉质细嫩，容易咀嚼，非常适合给宝宝做辅食。搭配西蓝花一起炒，营养丰富，色泽诱人，可引起宝宝的兴趣。

冬瓜瘦肉汤

材料：

冬瓜1小块、瘦猪肉1小块，植物油、盐各适量。

做法：

将冬瓜、瘦猪肉都洗净后切成片。砂锅中放水烧开，滴入植物油，接着放入瘦猪肉，烧开后再放入冬瓜片，炖20分钟左右至冬瓜绵软，加盐调味即可。

特色：

宝宝一般内热较盛，容易上火，经常给宝宝吃一些冬瓜有非常好的清热解毒功效。

 护理经

可以事先将瘦猪肉加些淀粉抓匀，可有效解决口感变老的问题。

◎ 2岁幼儿食谱安排

2岁的宝宝已经可以和大人一样吃谷类等主食了，但宝宝的饮食还需"开小灶"单独做，成人的饮食宝宝暂时还适应不了。这个阶段宝宝的食品以米、面等谷类食物为主，因为谷类是热能的主要来源。宝宝所需蛋白质主要来自肉、蛋、乳类和鱼等食物；钙、铁和其他矿物质主要来自蔬菜，部分来自动物类食物；维生素主要来自水果和蔬菜。

1.餐次安排

2岁宝宝的胃容量还是很小，这个阶段的宝宝餐次安排还是遵循之前的一日三餐两点心，每日3餐和大人同时进餐，两餐之间加些点心。

2.膳食安排

（1）给2岁宝宝准备食物，除了要尽量满足营养需求，做到尽量多样化的饮食外，还要做得好吃，最好能做到造型好看，这样才能引起宝宝的食欲，鼓舞他吃饭的积极性。

（2）2岁以后的宝宝如果饿了，他会自己表达，跟大人要吃的。宝宝要吃的时候，可以给些点心；如果没有要东西吃，就不要给，他能坚持到吃正餐的时间最好。一般来说，宝宝饿一饿没事，但吃得太多反而容易上火、生病。这个阶段如果需要吃点心，种类上应尽量集中在水果上，也可以准备些配方奶。

 护理经

正餐前1小时就尽量不给宝宝吃点心了，可以提前做饭，也可让宝宝稍饿一会儿，更能促进食欲和消化。

（3）2岁之后，宝宝的饮食也应以清淡为主，多蒸煮，有些菜也可以炒着吃，但油炸、烧烤等不健康的烹调方式要尽量避免，别让宝宝喜欢上这类食物。

（4）由于肉松细腻，鱼松没刺，食用起来非常方便，往往会成为不少家庭餐桌的必备食材。事实上，肉松、鱼松虽然有不低的营养价值，但是不能和新鲜鱼、肉的营养价值相比，何况肉松、鱼松多多少少会含一些添加物，所以应给宝宝少吃。每周食用不超过2次，每次1小勺就够，不要多吃。

（5）2岁以后的宝宝，咀嚼能力很强大了，对食物加工精细度也就没有之前那么高了，所以平时的饭菜可以多些花样，每一餐的菜品可以丰富一些，可由以前的一菜一汤变成二菜一汤或三菜一汤。

（6）在食量上，2岁的宝宝比1岁时略有增加。一般来说，2岁的宝宝每天需要400～500毫升配方奶或者奶制品；主食每天需要米、面共150克，做成饭就是米饭1小碗半到2碗，或者切片面包4片的量；鱼、肉、蛋类需要150～200克，换成熟食应该是无皮、无骨的肉类1小碗；蔬菜是200克，就是煮熟后1小碗的量；新鲜水果200克，也就是1个或1个半中等大小的苹果或梨的量。

3.一周食谱推荐

（1）周一膳食安排如下表所示。

周一膳食安排

餐次	食物
早餐	配方奶150毫升、三明治1块、煮鸡蛋1个
点心	配方奶150毫升、樱桃5颗
中餐	清炒莴笋1份、清蒸皮皮虾1份、海带牛肉汤1份、软米饭适量
点心	配方奶100毫升、草莓3颗、自制点心1块
晚餐	番茄肉末面条1份、凉拌鸡丝菠菜1份
睡前	配方奶100毫升

（2）周二膳食安排如下表所示。

周二膳食安排

餐次	食物
早餐	配方奶150毫升、鸡蛋韭菜包1个、酱油荬麦菜1份
点心	配方奶150毫升、苹果半个
中餐	馒头小半个、牛肉炖萝卜1份、百合炒菠菜1份、凉拌海带豆腐皮1份

餐次	食物
点心	配方奶100毫升、香蕉1根、面包1片
晚餐	二米粥1份、清炒黄瓜丁1份、红烧鲤鱼块1份
睡前	配方奶100毫升

（3）周三膳食安排如下表所示。

周三膳食安排

餐次	食物
早餐	配方奶150毫升、面包1块、番茄炒蛋1份
点心	配方奶150毫升、梨半个
中餐	猪肉黄花菜馅饺子1份、拍黄瓜1份、绿豆芽海带汤1份
点心	配方奶100毫升、草莓3颗、饼干1块
晚餐	凉拌香椿1份、鸡肉土豆炖豆角1份、软米饭适量
睡前	配方奶100毫升

（4）周四膳食安排如下表所示。

周四膳食安排

餐次	食物
早餐	配方奶150毫升、豆腐皮红薯卷1份
点心	配方奶150毫升、苹果半个
中餐	菠菜土豆丝饼1份、鸭肉粥1份、白糖拌番茄1份、鸡蛋苦瓜汤1份
点心	配方奶100毫升、樱桃5颗、饼干1块
晚餐	鱼汤小白菜面条1份、凉拌黄花菜1份、干煎带鱼1份
睡前	配方奶100毫升

（5）周五膳食安排如下表所示。

周五膳食安排

餐次	食物
早餐	配方奶150毫升、馒头小半个、酸甜萝卜条1份
点心	配方奶150毫升、香蕉半根
中餐	凉拌香椿1份、排骨烧海带1份、番茄土豆汤1份、软米饭适量
点心	配方奶100毫升、面包1片、草莓3颗
晚餐	香蕉煎饼1份、肉丝炒蒜薹1份、韭菜拌绿豆芽土豆丝1份
睡前	配方奶100毫升

（6）周六膳食安排如下表所示。

周六膳食安排

餐次	食物
早餐	配方奶150毫升、炒饭1份、拍黄瓜1份
点心	配方奶150毫升、面包1片、山楂2颗
中餐	菠菜鸡蛋面1份、肉末蒸冬瓜1份、百合红枣汤1份
点心	配方奶100毫升、梨半个、馒头1块
晚餐	燕麦软米饭1份、清炒莴笋1份、酸萝卜鸭肉汤1份
睡前	配方奶100毫升

（7）周日膳食安排如下表所示。

周日膳食安排

餐次	食物
早餐	配方奶150毫升、红薯二米粥1份、拌鸡丝1份
点心	配方奶150毫升、山楂3颗
中餐	猪肉小白菜馅饼1份、酥带鱼1份、瘦肉苦瓜汤1份
点心	配方奶150毫升、自制点心1块、山楂3颗
晚餐	豆角末蒸蛋羹1份、清炒小油菜1份、软米饭适量
睡前	配方奶100毫升

下面介绍几道菜点的制作方法。

凉拌鸡丝菠菜

材料：

鸡胸肉1小块，菠菜2颗，葱1小段，芝麻、酱油、盐、醋、植物油、花椒粉各适量。

做法：

将鸡胸肉洗净，放入锅中煮熟后捞出，用手顺着鸡肉的纹理撕成细条。将菠菜洗净，放入开水中烫熟后捞出，切成小段，放入鸡胸肉丝中，加入芝麻、酱油、盐和醋拌匀。起锅，倒入植物油烧热，加入花椒粉、葱花炒出香味，倒入鸡肉菠菜中，拌匀即可。

特色：

这道菜兼具味香、色美、有营养等多重优点，做起来也很简单。

牛肉炖萝卜

材料：

牛肉1小块，同等大小白萝卜1块，葱1小段，姜2片，酱油、盐、植物油各适量。

做法：

将牛肉切成大小相同的小块，放入锅中，加水煮开，捞出后冲洗干净。起锅，倒入植物油烧热，加葱花、姜丝炒出香味，放入牛肉块略翻炒，倒入酱油，再次翻炒几下，加适量水，大火烧开。白萝卜洗净、去皮后切成同牛肉一样大小的块，放入牛肉中，转小火慢炖，炖至所有食材熟烂即可。

特色：

这道炖得熟烂的菜品，不但能吃肉，还能喝汤，其营养丰富，味道鲜美，很适合宝宝吃。

肉末蒸冬瓜

材料：

冬瓜1小块，猪肉1小块，葱、蒜、盐、植物油、麻油各适量。

做法：

将猪肉剁成末，蒜切成末拌入猪肉，加盐、植物油拌匀腌制10分钟。冬瓜去皮洗净，切成薄片后重叠地铺在盘子里，把腌好的猪肉末均匀地铺在冬瓜上。锅中放水烧开后，把冬瓜放在蒸架上，大火蒸8分钟左右后取出，撒上葱花、淋入麻油即可。

特色：

冬瓜利湿解暑，是常见的食材，蒸熟后食用，美味与营养兼备。

◎ 3岁幼儿食谱安排

3岁以后的宝宝活动量大了，体能消耗相对增加，因此给宝宝提供营养均衡的饮食非常重要。

1.餐次安排

3岁宝宝的饮食可以和成人一样，基本实现一日三餐。如果宝宝需要，可安排在下午吃1次点心。

另外，夏季白天长，晚餐后可适当安排少量水果，以平衡膳食，增加营养。

 护理经

宝宝从幼儿园回家时，不要急着给他吃零食，即使饿了，也可以让他等着吃晚餐，以免影响晚餐食欲。

2.膳食安排

（1）宝宝满了3岁以后，一般都上了幼儿园，这样宝宝在家进食的餐次就减少了，育婴师可以根据幼儿园每周的食谱来调整宝宝在家进食的食谱，比如宝宝在幼儿园能吃到的或吃得比较多的，可以少准备或不准备；在幼儿园吃不到或吃得比较少的，可以多准备，以便能让宝宝摄取到丰富的食物种类。

（2）对于宝宝不喜欢吃的食材，可以尝试变变花样，比如变口感、变味道、变烹调方式、变食物形状，把宝宝不喜欢的特质掩盖

住，这种食材有可能就被他接受了。如果还是不接受，就再做其他变化，直到他接受为止。

（3）3岁以后，只要宝宝生长正常，牛奶可继续喝，每天以1杯的量为宜。

（4）不要给宝宝吃营养补品，如蜂乳、花粉、鸡胚、蚕蛹、蜂王浆等，即使是婴儿专用营养品也不要擅自吃。如果怀疑宝宝营养不良就去看医生。

（5）不要让家里的零食随处可取。由于宝宝的胃容量小，如果吃多了零食，就不肯吃饭。很显然，零食的营养无法跟丰富的饭菜相比，因此，育婴师应建议雇主尽量把家里的零食收起来，宝宝想吃什么就拿一点给他，不要让他随时随地可取用。

3.一周食谱推荐

3岁宝宝一般每周有5天在幼儿园吃中餐及下午点心，周六和周日全天在家吃饭，育婴师可根据这个特点做1周的饮食安排。

如某幼儿园夏天一周的食谱如下表所示。

幼儿园一周食谱

时间	午餐	午后点心
周一	米饭、红烧鸡腿、香菇油菜、紫菜蛋花汤	西瓜
周二	米饭、酱牛肉、木耳炒白菜、番茄蛋花汤	桃子
周三	米饭、酱鸡肝、青椒土豆丝、菠菜豆腐汤	香瓜
周四	米饭、虾仁豆腐、番茄炒菜花、萝卜香菜汤	葡萄
周五	米饭、肉片烧茄子、香干炒芹菜、丝瓜瘦肉汤	桃子

据此，育婴师可安排的一周食谱如下。

（1）周一膳食安排如下表所示。

周一膳食安排

餐次	食物
早餐	牛奶200～250毫升、鸡蛋柿子椒卤面1份
晚餐	馒头半个、豆豉荬麦菜炒银鱼1份、炒鸭肉1份、凉拌黄瓜1份

（2）周二膳食安排如下表所示。

周二膳食安排

餐次	食物
早餐	牛奶200～250毫升、面包1块、鸡蛋韭菜饼1份
晚餐	紫米饭1份、肉末四季豆1份、菠菜拌豆腐1份、洋葱炒土豆片1份、南瓜羹1份

（3）周三膳食安排如下表所示。

周三膳食安排

餐次	食物
早餐	牛奶200～250毫升、鸡肉圆白菜包子1个
晚餐	玉米饼1份、土豆豆角烧茄子1份、鸡蛋炒黄瓜片1份、香菇油菜1份、番茄肉末汤1份

（4）周四膳食安排如下表所示。

周四膳食安排

餐次	食物
早餐	牛奶200～250毫升、煮鸡蛋1个、馒头小半个
晚餐	绿豆粥1份、荷兰豆炒虾仁1份、洋葱牛肉饼1份、蒸南瓜1份、糖醋圆白菜1份

（5）周五膳食安排如下表所示。

周五膳食安排

餐次	食物
早餐	牛奶200～250毫升、手抓饼1份
晚餐	番茄菠菜面条荷包蛋1份、香煎带鱼1份、茄子土豆炒柿子椒1份

（6）周六膳食安排如下表所示。

周六膳食安排

餐次	食物
早餐	牛奶200～250毫升、鲜肉小馄饨1份
中餐	猪肉洋葱饺子1份、荷兰豆炒豆腐干1份、蒸蛋羹1份、虾皮冬瓜汤1份
点心	西瓜1块、桃子半个
晚餐	发糕1份、草鱼丸子1份、肉片炒西葫芦1份、清炒莴笋1份

（7）周日膳食安排如下表所示。

周日膳食安排

餐次	食物
早餐	牛奶200～250毫升、酸奶煎饼1块
中餐	小白菜炖豆腐1份、松仁玉米1份、番茄花菜1份、清蒸黄花鱼1份、酱焖杏鲍菇1份、米饭适量
点心	西瓜1块、绿豆汤1小碗
晚餐	南瓜饼1份、番茄焖排骨1份、盐水毛豆1份

下面介绍几道菜点的制作方法。

洋葱炒土豆片

材料：

洋葱半个，土豆1个，植物油、盐、花椒各适量。

做法：

洋葱、土豆分别洗净、去皮后切块。起锅，倒油烧热，加入花椒炒香后放入洋葱炒出香味，接着放入土豆片翻炒至洋葱变软、土豆变熟，加盐调味即可出锅。

特色：

自带清甜的洋葱，配上口感软糯的土豆，闻起来香气十足，吃起来清脆爽口，很受宝宝的欢迎。

松仁玉米

材料：

新鲜玉米粒小半碗，豌豆粒1汤勺，胡萝卜1小段，松子1汤匙，植物油、盐、葱各适量。

做法：

将玉米粒、豌豆粒洗净，胡萝卜切丁。锅中加水烧开后，加入少量盐和植物油，倒入豌豆粒煮7~8分钟捞出，再倒入玉米粒煮2~3分钟捞出。起锅，倒油烧热，加入葱花炒香，放入胡萝卜丁翻炒均匀，再放入豌豆粒、玉米粒翻炒均匀，最后加入松仁翻炒均匀，加盐即可出锅。

特色：

这道菜颜色漂亮，味道清甜，营养丰富，宝宝爱吃。

酸奶煎饼

材料：

面粉250克，酵母3克，泡打粉10克，白糖适量，蜂蜜适量，酸奶150毫升，温水50克，鸡蛋1个，植物油适量。

做法：

面粉放入盆中，加入酵母、泡打粉、白糖、蜂蜜、老酸奶、鸡蛋、温水搅拌均匀成厚糊状，常温下醒发1小时左右。锅内放油，倒入调好的面糊，用小火煎制两面金黄即可出锅。

特色：

这款饼风味独特，口感酸甜绵柔，宝宝不易抗拒。如果能用饼模子压成漂亮的形状，会更受宝宝欢迎。

番茄菠菜面条荷包蛋

材料：

番茄1/4个，面条1小把，菠菜2颗，鸡蛋1个，葱、植物油、盐、酱油各适量。

做法：

番茄洗干净去皮切成块。菠菜择洗干净，入锅焯水后捞出沥干水，切成寸段。锅中加水烧开，倒入植物油，沸腾后将葱花放入；再次沸腾后倒入酱油、盐，再次沸腾后加入番茄丁，打入鸡蛋，然后下入面条，面条煮熟后下菠菜段，略煮即可出锅。

特色：

荤素搭配，营养均衡，既有蛋白质，又含维生素。软软的，暖暖的，很适合宝宝吃。

第 2 章

婴幼儿
饮水照料

◎给不同年龄的婴幼儿喂水

水与人体之间有着密不可分的联系，水对人体而言其生理功能是多方面的，而体内发生的一切化学反应都是在介质水中进行的。

如果没有水，将会出现下列情况。

（1）吃的营养物质不能被吸收。

（2）氧气不能运送到人体的各个部位。

（3）各种必需的养料、激素、微量元素、维生素等均不能到达它应该作用的部位。

（4）废物不能排除，新陈代谢将停止，人将死亡。

因此，水对人的生命是最重要的物质。水不仅有媒体和载体的作用，而且参与生物大分子（蛋白质、核酸、酶、碳水化合物等）的结构，构成生命物质，共同完成生命的能量、物质和信息等生命活动。

1.不同年龄婴幼儿每天喂水量

（1）6个月以内的宝宝。6个月以内纯母乳喂养的宝宝，一般不需要额外喂水。因为母乳中含有80%的水分，能充分满足婴儿对水的需要。

而对于人工喂养的婴儿来说，只要配方奶的浓度严格按照说明书的要求进行配制，乳品中的水分也能满足婴儿的需要，所以一般情况下，婴儿不用再额外补充水分。但如果在炎热的季节里，环境温度高，宝宝有口渴的表现、体温升高、皮肤出现汗疱疹、尿色黄、尿量少时可在两顿奶之间喂水，每日2～3次即可。如果宝宝拒绝，不要强迫他喝太多水。也不要给宝宝喝糖水，宝宝进食糖水后会因为糖水的口感好而不爱喝奶，糖水会使宝宝饥饿时间延长，减少乳品的摄入，长时间会造成宝宝的营养不良。

（2）6个月到1岁的宝宝。宝宝满6个月以后就可以少量饮水了，发热、腹泻或天气热时需要注意补充水分，尤其是宝宝尿液颜色加深变黄及小便变少时。如果宝宝不喜欢喝白开水，也不必着急，一般只要水的总摄入量每天达到900毫升就不会缺水。水果和饮食中的水也算进总摄入量里。

（3）1～3岁的宝宝。1～3岁的宝宝，水的总适宜摄入量约为1300毫升/天，一些清淡低盐的汤类或羹类也是不错的选择。

 相关链接

如何判断宝宝的水量够不够

1.看尿液的颜色

除晨尿以外，正常情况下，只要水量足够，宝宝尿的颜色应该为无色透明，或者浅黄色。如果尿液呈深黄色甚至发红，说明宝宝水的摄入不够，身体缺水了。

2.看小便的次数

3岁以下的宝宝每天尿6～8次是比较合适的。如果宝宝每天的小便次数不足6次，表示身体已经缺水了，要及时补充水分。

3.看皮肤、嘴唇是否干燥

如果宝宝的皮肤上出现大量皮屑、无光泽，嘴唇干燥，表示身体已经缺少水分了。给宝宝补水要讲究时间，在以下几种情况下，需要给宝宝及时补水：两顿奶之间；长时间玩耍以后；洗完澡以后；外出时；大哭以后；腹泻之后；感冒发烧时；炎热干燥季节。

2.各月龄段的喝水杯类型

（1）6个月左右（鸭嘴饮水杯）。这个阶段的宝宝已经有较强的抓握能力了，可以选择鸭嘴饮水杯，帮其加强"喝"的能力。

（2）8个月左右（吸管杯）。这个阶段的宝宝可以尝试使用带吸管的杯子，这样宝宝坐着也能喝水，而且还能增强宝宝使用吸管的能力。

 育儿经

为防止宝宝把水洒得到处都是，可以选择带有控制阀构造的学饮杯。

（3）12个月左右（敞口杯）。这个阶段的宝宝逐渐有了用双手捧杯的能力，应当用杯子而不是用奶瓶喝水，这样可以训练宝宝的手眼协调能力和认知力，让他更好地过渡到成人化的饮食方式上。到1岁半以后，就可以完全戒断用奶瓶了。如果长期使用奶瓶，会影响宝宝颌骨的发育。

1岁以后，喂水时可以直接用杯子，让宝宝先练习用嘴唇含住杯沿，撅起嘴唇吸水。

1岁半以后，可以让宝宝学习自己双手捧杯喝水。此时为宝宝准备的杯子，首先要轻巧，毕竟宝宝的手劲有限；其次要容易抓握，最好是双耳杯。

3.给宝宝喂水注意事项

（1）饭前不要给宝宝喝太多水。因为饭前喝太多水会稀释胃液，不利于食物的消化，也在一定程度上影响食欲。可以在饭后给宝宝补充一点汤水，但也注意摄入的量，否则也会冲淡胃酸浓度，影响消化。

（2）睡前也少喝水。宝宝睡觉前，育婴师应该有意识地减少宝宝喝水的量。因为年龄较小的宝宝不能完全控制排尿，睡前喝水多了，容易因为排尿而惊醒，或是因为频繁换纸尿裤而影响其睡眠，得不偿失。

（3）宝宝口渴切忌暴饮。如果宝宝口渴了，那么就意味着身体已经缺水。为了补充水分，家长会鼓励宝宝多喝水，但要注意控制一次喝水的量，切忌暴饮。

◎ 正确选择饮用水

根据世界卫生组织推荐，对人类健康有利的饮用水至少应具备以下几个基本条件：无菌；不含有毒有害物质；含有对人体有益的矿物质；渗透性和溶解力强。

1. 白开水

白开水是很好的补水途径。白开水中不仅保留了身体所需的钙、镁等矿物质，而且它进入体内后容易被吸收，可立即发挥进行新陈代谢、调节体温、输送养分及清除体内垃圾的功能。所以说，白开水是宝宝健康的饮用水。

 育儿经

适宜宝宝饮用的白开水的温度应为35 ~ 45℃。天冷时喝温白开水，天热时喝凉白开水，但不能喝冰水。

但自来水在流动过程中要进行净化处理，要用一些含氯的物质进行净化，所以为了减少对身体的危害，自来水要充分地沸腾，以尽量去除有害物质，才是可安全饮用的白开水。

另外，育婴师应注意，以下2种白开水不要给宝宝喝，更不能长期喝。

（1）反复煮沸的水或长时间煮沸的水，不要给宝宝喝。因为反复煮沸或长时间煮沸的水中亚硝酸盐含量超标，这是一种可引起恶性病变的物质。

（2）煮开后超过24小时的水不能给宝宝喝，同样也是亚硝酸盐超标。

2. 米汤

粥的原料是各种米类，如大米、糯米、小米等，米类富含淀粉、蛋白质、脂肪、膳食纤维、维生素A、维生素E、维生素B_1及钙、磷、铁等多种营养成分。

熬粥时，米中的很大一部分营养进入汤中，其中尤以粥油中的营养最为丰富，是米汤的精华。

育婴师在熬粥时，可以将其中的米汤倒入饮水杯中，作为宝宝的日常补水饮品。

3. 鲜榨果蔬汁

与市面上所谓的百分百果汁相比，现榨现喝的果蔬汁，其营养素保存得比较完全，含有一定量的B族维生素、β 胡萝卜素及铁、锌、钙等矿物质，是给宝宝作为加餐饮品的较好选择，但蔬果在榨汁过程中维生素C损失严重，损失率可达到70%左右。

白开水对人体来说是非常重要的，尤其对婴幼儿更是如此，但宝宝尝试过果蔬汁等有味道的液体以后，对白开水的接受程度会降低，有的宝宝甚至会拒绝再喝白开水。因此，平时应坚持给宝宝喝白开水，让宝宝养成喝白开水的习惯，少给果蔬汁。如果给宝宝喝果蔬汁，一定要鲜榨，不要放糖，一次也不要给太多，更不要用果蔬汁代替白开水。

 育儿经

对于体重超标的宝宝，最好控制果汁的摄入量，以免产生负面影响。

 相关链接

不适宜婴幼儿长期饮用的水

1.天然矿泉水

矿泉水由于本身矿物质含量比较多，且复杂，宝宝肠胃消化功能还不健全，磷酸盐、磷酸钙过多，会引发消化不良和便秘，甚至影响孩子的肝肾功能。

2.纯净水

纯净水在净化过程中，去除了水中的工业污染物、微生物及杂质，同时也除去了可利用的各种常量元素和大部分微量元素。如果长期饮用纯净水可能会干扰机体内环境的稳定，所以并不适合宝宝长期单一饮用。

3.蒸馏水

蒸馏水是指经过蒸馏、冷凝操作的水，可分一次蒸馏水和多次蒸馏水，其广泛应用于医疗、科学研究、生产生活中。蒸馏水在生产过程中杀死了全部细菌的同时，也去除了微量元素。

蒸馏水可以喝，但不能多喝，主要因为蒸馏水里面没有宝宝所必需的矿物质元素，长期单一饮用不利于健康。

4.市售饮料

饮料里面含有大量的糖分和较多的电解质，长期饮用会导致孩子的血糖升高，影响食欲，导致营养不良，进而影响正常的生长发育。同时过量的果糖会影响身体对铜的吸收。

◎ 培养婴幼儿的饮水习惯

有些宝宝不愿意喝水，而只喜欢喝酸酸甜甜的饮料，也有些宝宝则像个小水桶似的一刻不停地把水瓶含在嘴里。可见，培养良好的饮水习惯非常必要，常见方法有如下9种。

1. 喝水游戏

育婴师可以找来两只喝水的小杯子，在两只小杯子里倒上同样多的水，一只给宝宝，一只给自己，和他玩干杯的游戏。

2. 爱屋及乌

每个宝宝都有自己心目中的小偶像，可以用他的小偶像来编故事。比如，宝宝喜欢"天线宝宝"，就可以编一个"天线宝宝"爱喝白开水的故事，从而让其喜欢上喝水。

3. 鼓励策略

育婴师可以说："宝宝好乖，喝了水就不渴了。"宝宝会因为被夸奖而爱上喝水。

4. 不存饮料

如果不想让宝宝每天抱着饮料瓶子，那么家长首先要做到不要买，也不要在家中存放饮料。

5. 家长榜样

家长在喝水时要在宝宝面前做出夸张的动作，以引起注意，榜样的力量是无穷的，不要浪费培养宝宝的每个时刻。

在一旁做示范

6. 跟风效应

宝宝往往都是其他小朋友干什么他就要干什么，所以其他小朋友在喝水时一定要递上他的小水杯。

7. 调换杯子

宝宝天生对图案情有独钟。育婴师可以准备两三个带有不同动物图案的杯子，或者用不同形状的器皿装水给宝宝喝，这会让他们觉得新鲜有趣，并逐渐喜欢上喝水。

8. 对峙不弱

当宝宝吵着非饮料不喝时，家长不能因为担心他水分摄取不足而妥协。一个"怕"字，很容易让家长变得被动。除非孩子出现脱水现象，否则家长不必太焦虑。

9. 立场一致

觉得对的事，就要坚持立场。家长必须相互沟通好，千万不要发生"跟育婴师要没有，跟爸爸妈妈要就有"的"漏洞"。所有大人必须明确一点：饮料不能代替白开水。

◎识别婴幼儿脱水

由于婴幼儿早期饮食单一代谢速度快，而且本身就比较容易出汗，如果不好好护理是非常容易出现脱水现象的。因此，育婴师要从宝宝的身体状态上多观察，对宝宝脱水做到及时发现并处理，才能将脱水对宝宝的身体损害降到最低。

1. 婴幼儿脱水的症状

（1）如果宝宝出现以下的任何迹象，就表明他脱水了，或者至少存在轻度脱水现象。

① 超过6小时没有尿。

② 小便暗黄，气味浓烈。

③ 嗜睡倦怠。

④ 嘴巴发干，嘴唇干裂。

⑤ 哭时没有眼泪。

（2）如果宝宝出现以下的任何迹象，就有可能是严重脱水。

① 眼睛凹陷。

② 手脚冰凉，且看上去有斑点。

③ 神志不清，眩晕或异常兴奋。

④ 过度地嗜睡或表现得不安。

 育儿经

如果宝宝出现脱水，但又无法分辨脱水程度时，需及时就医。在给宝宝治疗脱水的同时，也不要忘记继续给宝宝喂母乳或配方奶。

2. 婴幼儿脱水的判断

根据前囟、眼窝、皮肤弹性、循环情况和尿量等临床表现也可判断宝宝是否脱水，并可估计脱水程度。

（1）1周岁以内的宝宝一般囟门尚未闭合，所以只要用手轻轻地摸摸宝宝的前囟门，如果感觉往里凹得比较深，就说明缺水了。

（2）将宝宝肚皮或手背的皮肤捏起来，然后松开。正常情况下，宝宝的皮肤会立即恢复原状。如果皮肤慢慢地恢复原状，说明宝宝脱水比较严重。

（3）育婴师洗净手指，但不要用肥皂，然后把食指伸到宝宝的嘴里，如果感到宝宝的唾液干而黏稠，就说明缺水，此时应及时给其补充水分。

 育儿经

如果宝宝经常有夜间哭闹、烦躁不安等情况，在排除其他原因时，应该考虑到是否缺水。

3. 婴幼儿脱水的原因与预防

以下情况下容易造成宝宝脱水，所以当这些情况发生时，育婴师要特别注意预防宝宝脱水。

（1）发烧。只要宝宝发烧了，就要给他喝大量的液体。可以是奶、母乳、白开水，

已经加辅食的宝宝还可以喝稀释的果汁，原则是少量多次。如果宝宝有吞咽困难，需要询问医生可能的原因，看医生有没有办法来帮助宝宝缓解不适感。

（2）过热。在炎热的天气里做过多的活动，或者只是待在一个通风不好、闷热的房间里，都会让宝宝出汗，并造成水分流失。

对于这种非病理性脱水，育婴师只要细心护理就能预防和改善，比如为孩子营造一个舒适凉爽的环境非常关键，周围温度不能过高，以免大量出汗。

（3）腹泻。如果宝宝患有肠道疾病，特别是急性肠胃炎时，他体内的水分就会在腹泻和呕吐中流失。这种情况下，不要给宝宝喝果汁，这样可能会加重他的病情。除非医生建议，也不要给宝宝服用非处方的抗腹泻药物。如果你认为宝宝可能已经开始脱水了，问问医生是否需要给他喝经口补液盐溶液。

（4）呕吐。病毒和肠道感染都会导致呕吐。如果宝宝咽不下液体，就容易脱水。育婴师可以尝试少量多次地给他喂奶或喂水，开始时每5分钟喂给他两小勺。如果他1小时内没有呕吐，就可以每隔15分钟喂给他4小勺。如果宝宝脱水是由于呕吐引起的，遵医嘱使用补液盐溶液会起到很好的补充水分的作用。

（5）拒绝喝水。嗓子痛或其他病痛，比如手足口病都会让宝宝感到很疼，并因此停止喝水（或吃奶）。育婴师需咨询医生能不能给宝宝吃对乙酰氨基酚（也叫扑热息痛）或布洛芬，以缓解疼痛或不适，然后少量多次地给宝宝喂母乳、配方奶或水，从而预防宝宝脱水。

💡 **育儿经**

面对有严重腹泻症状的宝宝，光靠喝水并不能解决脱水的问题，一定要及时就医并遵照医嘱进行照料。

◎ 制作常见果汁和蔬菜汁

1. 选用水果、蔬菜的原则

为宝宝制作果汁时要选用应季的水果和蔬菜，关键是要新鲜，不必花很多钱去买那些反季节蔬菜和进口水果。买来的水果、蔬菜要洗净，对可能施过农药的水果和蔬菜应削皮后使用。

2. 果汁、蔬菜汁的做法

果汁和蔬菜汁的做法多种多样，有条件的家庭可用电动果汁机、榨汁机制作；没有条件的家庭可用消毒纱布（4层厚，蒸、煮消毒均可）包裹水果后挤出果汁。如果是橘子、橙子、西红柿等有皮多汁的水果或蔬菜，也可以去皮后一剖两半，直接在榨汁器上将汁液挤出。

以下介绍几种常见果汁和蔬菜汁的做法。

（1）草莓汁。洗净3～4个草莓，切碎后放入小碗中，用勺碾碎。倒入过滤漏勺，用勺挤出汁，加一勺水拌匀。

（2）苹果汁。将半个苹果削去皮和核，用擦菜板擦出丝，用干净的纱布包住苹果丝挤出汁来，也可以用榨汁机制作。

育儿经

苹果汁有熟制和生制两种：熟苹果汁适合胃肠道弱、消化不良的宝宝；生苹果汁适合消化功能好、大便正常的宝宝。

（3）猕猴桃汁。将熟透的猕猴桃剥皮后切半，然后切碎，放入小碗中，用勺碾碎。倒入过滤漏勺，用勺挤出汁，加一勺水拌匀。

（4）枣汁。将10～20枚干红枣泡入水中1小时（新鲜红枣洗净即可），捞出后放入碗内，然后将碗放入蒸锅内，上汽后再蒸15～20分钟即可。待碗内红枣汁稍凉后倒入小杯中喂宝宝食用。

（5）番茄汁。将熟透的西红柿放入开水中烫2分钟，取出后剥皮、切碎。用干净的纱布把切碎的西红柿包裹后挤出汁水，也可以用榨汁机榨汁。

育儿经

西红柿富含丰富的胡萝卜素、B族维生素和维C，营养价值很高，各种维生素含量比苹果、梨、香蕉、葡萄高2~4倍。生吃时这些维生素和其他营养成分几乎无损失，都能让宝宝吸收。

（6）胡萝卜汁。将胡萝卜（1个）洗净后削切成小块放入小锅内，加30～50毫升水煮沸后，再用小火煮10分钟。过滤后将汁倒入小碗内。

（7）黄瓜汁。取半根黄瓜，去皮后，用擦菜板擦成丝，再用干净的纱布包住黄瓜丝挤出汁来，也可以用榨汁机榨汁。

第 3 章

婴幼儿
睡眠、二便、
三浴照料

◎婴幼儿睡眠照料

1.不同年龄婴幼儿的睡眠时间及次数

（1）1～3个月的宝宝。每天应睡16小时左右。白天应睡4次，每次1.5～2小时；夜间要睡10～11小时。这就是说，除了吃奶、换尿布、玩一会儿，大部分时间就是睡觉。

（2）4～6个月的宝宝。每天睡眠时间应保证在14小时左右。但是，决定宝宝一天生活的睡眠方式应由宝宝的睡眠状况来决定。一般是上午睡1次，1～2小时，下午睡1次，2～3小时。由于白天运动量增加，稍有疲劳的宝宝夜里会睡得很香。

（3）7～12个月宝宝。睡眠时间和睡觉的香甜程度因人而异，一般全天睡眠时间14～15小时。上午睡1次，每次1～2小时，下午睡1～2次，每次1～2小时，夜间睡10小时左右。这个月龄的宝宝很少有一觉睡到天亮而不醒的，一般都要醒来2～3次解小便。

（4）1～3岁宝宝。每天平均睡12～13小时。夜间能一觉睡到天亮，白天觉醒时间长，有固定的2～3次小睡时间。

2.营造适合婴幼儿睡觉的环境

（1）卧室的环境要安静，减少噪声，尽量放轻说话的声音。窗帘的颜色不宜过深。

（2）室内的灯光最好暗一些，灯光或阳光不能直接照在宝宝脸上，室温不宜过高，控制在20～23℃。注意开窗通风，保证室内空气新鲜。

（3）为宝宝选择一张适宜的床。床的软硬度适中，最好是木板床，以保证宝宝的脊柱正常发育。

育儿经

　　不要在床上，尤其是宝宝的头部周围堆放衣物和玩具，以免堵住口鼻，引起窒息。

（4）睡前给宝宝换上宽松、柔软的睡衣并让其保持良好的睡姿，以便安稳入睡。

（5）睡前洗净宝宝的脸、脚和臀部，并排1次尿。视需要换上干净的纸尿裤。

（6）每天应形成规律的睡前步骤，如洗澡、换衣服、喂奶、按摩、讲故事等，让宝宝养成定时睡觉的好习惯。

（7）经常为宝宝翻身，变换体位，更换睡眠姿势。

3.婴幼儿睡眠充足的判断

由于每个宝宝的睡眠需求不同，所以不能只从睡眠时间来评定睡眠是否已经足够，而要对宝宝进行全面观察。如果符合以下三点，即使宝宝睡眠时间比一般宝宝少一些，也可以认为睡眠是充足的。

（1）白天活动时精力充沛，不觉疲劳。

（2）食欲好，吃奶、吃饭津津有味。

（3）在饮食正常的情况下，体重随年龄增加而增长。

4.婴幼儿睡眠的姿势

睡眠的姿势有三种，即仰卧、侧卧和俯卧。5个月以内的宝宝因自己不能翻身，睡眠的姿势主要由大人决定，6个月以后由宝宝自己选择。

（1）仰卧。宝宝仰卧时头通常偏向房子中间，这里常有人活动，有光亮和声音吸引，虽然在我国很多大人习惯培养宝宝仰卧睡眠的习惯，但经常保持这种姿势容易把头睡偏。

另外，由于宝宝容易吐奶，仰卧时呕吐物容易吸入气管而

引起窒息。

（2）侧卧。宝宝侧卧时双腿弯曲，有利于肌肉组织充分休息，消除疲劳。右侧卧不会压迫心脏，还有利于胃内容物朝十二指肠方向推进，促进宝宝消化。

（3）俯卧。俯卧即趴着。过去人们认为俯卧位会压迫胸部，引起呼吸困难。现在，也有人提倡俯卧位睡眠，因为这样有利于胸廓和肺的生长发育，可以避免呕吐物或唾液流入气管。如果宝宝已能抬头，则可允许其趴着睡眠。

 育儿经

育婴师要有意识地帮助宝宝变换睡眠姿势，仰卧、侧卧、俯卧交替进行；易吐奶的宝宝，喂奶后最好取侧卧位。

◎包裹婴儿

宝宝身体柔软，不能抬头，不易将其抱起来，尤其是在喂奶时很不方便。因此，可用包被将宝宝包起来，既可使其有足够的温暖和安全感，又方便抱起来喂奶。因此，育婴师要学会包裹宝宝的方法。具体步骤如下图所示。

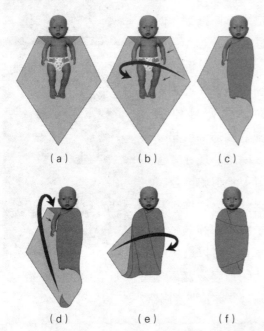

（a）　　　　　　（b）　　　　　　（c）

（d）　　　　　　（e）　　　　　　（f）

（1）在婴儿床或尿布台上展开一条柔软、轻薄、略有弹性的包被，向内折进一角，把宝宝放在包被里，头搁在折进的一角上。

（2）将宝宝身体左侧包被的一角拉起来，裹住宝宝的左侧手臂和身体。

（3）抬起宝宝的右侧手臂，将包被的角掖在宝宝的右侧背下。

（4）拉起包被的底角向上盖住宝宝的身体，并与折进的一角掖在一起。

（5）把宝宝身体右侧的包被一角拉起来，裹住宝宝的右侧手臂和身体。

（6）把包被的角掖在宝宝的左侧背后。

相关链接

包裹新生儿的注意事项

有人在包裹新生儿时，将新生儿双臂紧贴躯干，将双腿拉直，用布毯子或棉布进行包裹，有的老一辈人甚至还在外面用带子捆绑起来，打成"蜡烛包"。

这种包裹方法会使新生儿四肢活动失去自由，使肌肉和关节内的神经感受器得不到应有的刺激，影响新生儿大脑和全身的发育。而且"蜡烛包"也限制新生儿胸廓的运动，影响其胸廓和肺脏的发育。

包裹新生儿的注意事项如下。

（1）绝对不能包得太紧，太紧了可引起新生儿髋关节脱位，因为将两下肢硬拉直，并用力捆绑后，使大腿肌肉处于紧张状态，而使股骨头从髋臼中脱出来，并且也可影响髋臼的发育。

（2）包裹太紧，容易出汗，刺激皮肤，使汗腺口堵塞，发红，严重时发生皮肤感染。

（3）要包裹得松紧适度，如果宝宝的小手喜欢活动，就只包裹在他的手臂下面，好让他的小手可以自由活动。

◎ 婴幼儿更换衣服照料

宝宝骨骼柔软，动作发展得还不够协调，给他们穿脱衣服有一定难度，必须注意方法，以免伤着宝宝。同时，要保持室温适宜，整个过程都要注意保暖。

1. 穿套头衫

穿套头衫的步骤如下图所示。

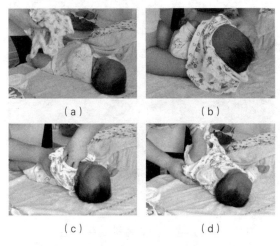

（a）　　　　　　（b）

（c）　　　　　　（d）

（1）把上衣沿着领口折叠成圆圈状，将两个手指从中间伸进去把上衣领口撑开。

（2）轻抬宝宝脖子，把撑开领口的衣服从其头部套过，拉至背部，露出宝宝的头。

（3）把一只袖子沿袖口折叠成圆圈形，育婴师的手从中间穿过去后握住宝宝的手腕从袖圈中轻轻拉过，顺势把衣袖套在宝宝的手臂上。以同样的方式穿另一只衣袖。

（4）一只手轻轻把宝宝抬起，另一只手把上衣拉下去。

 育儿经

为了避免套头时宝宝因被遮住视线而恐惧，要一边跟他说话一边进行，以分散他的注意力。

2. 脱套头衫

脱套头衫的步骤如下图所示。

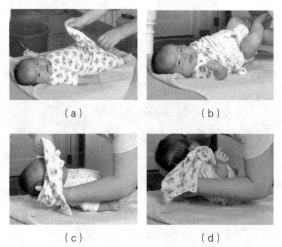

（a）　　　　　　（b）

（c）　　　　　　（d）

（1）育婴师给宝宝脱衣服时，要让其平躺在床上进行。

（2）先轻轻地将宝宝的双腿拉出来，再把双腿提起，把连衣裤往上推向背部到他的双肩。

（3）把衣服向着头部卷起，握着宝宝的肘部，把袖口弄成圆圈形，然后轻轻地把手臂拉出来。另一侧做法相同。

（4）把衣服的领口张开，小心地通过头部，以免擦伤脸。

3. 穿开衫

穿开衫的步骤如下图所示。

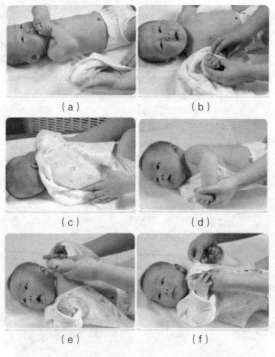

（a）　（b）

（c）　（d）

（e）　（f）

（1）将袖口收捏在一起，先穿右侧。

（2）将宝宝的右手臂拉伸到衣袖中。

（3）右手拉住宝宝右手臂，使其向左侧躺，左手将衣服塞入到宝宝背部。

（4）用左手拉着宝宝的左手臂，使其向右侧躺。

（5）接下来按照前面穿右侧衣袖的方式穿左侧衣袖。

（6）将宝宝的上衣拉平后，由上往下扣上衣的扣子。

4. 穿裤子

穿裤子的步骤如下图所示。

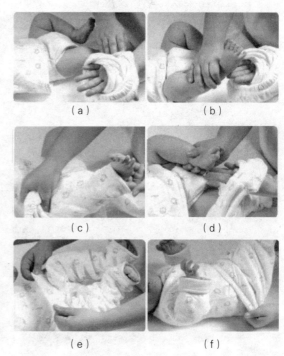

（a）　（b）

（c）　（d）

（e）　（f）

（1）先将宝宝右侧裤管用手捏住。

（2）一手抓住宝宝的右脚，一手将右侧裤腿对准脚丫。

（3）将宝宝的右腿套入裤腿中。

（4）再换另一边，用同样的方式将左腿套入裤腿中。

（5）两手分别抓住裤腰的两侧，将宝宝的裤子提到腰部。

（6）分别将左、右两侧的裤腰拉上去，整理好。

5.协助穿脱衣服

如果育婴师只是协助雇主帮宝宝穿脱衣服，应从以下4个方面入手。

（1）做好准备工作。找出准备更换的衣服、尿布，按穿脱的先后顺序放好。

（2）选择合适的协助位置，站在旁边，位置最好既不妨碍雇主的动作，又方便递送衣物。

（3）注意力要集中，看雇主给宝宝穿脱衣服的进程，以便随时将换下来的衣服、尿布接过来，放在适宜的地方，并递上准备更换的干净衣服。如果宝宝哭闹，可以在一旁逗他笑或用玩具吸引他的注意力。

（4）给宝宝换好衣服后，将该拿走的东西都拿走，弄脏的地方擦干净，并将换下来的衣服、尿布洗干净，或根据雇主的要求在合适的时间清洗。

给婴幼儿穿脱衣服注意事项

（1）挑选衣服的时候，要以穿脱容易为原则。领口宽大，或者有按扣最好；胯部有按扣或者拉链，方便穿脱和换尿布；袖子宽大，带子越少越好；最好是棉质的布料。

（2）把当次需要更换的干净衣服，按穿的先后顺序摆好备用，解开所有的扣子和腰带。

（3）必要时才换衣服。如果是宝宝经常吐奶，可以给他套围兜，或是用湿毛巾在脏的地方做局部清理。

（4）在平坦、防滑的地方换衣服，如换尿布的台子、床上或者婴儿床垫上，并准备一些娱乐宝宝的玩具。

（5）把衣服套到宝宝的头上之前，用手拉开领口，避免衣领刮到宝宝的耳朵、鼻子。

（6）拉拉链的时候，将衣服稍微拉开，以防拉链夹住宝宝的皮肤。

（7）给宝宝穿脱衣服的过程中，应在他裸露的胸口上搭一条柔软的毛巾或者绒毛玩具，这样会让他感到安全而停止哭闹。

（8）给宝宝穿脱衣服的过程中，千万不要中途离开，以免宝宝坠落。

（9）要有耐心，穿、脱衣服时动作要温柔轻缓。

（10）当袖口、裤脚穿过宝宝的手腕和脚踝时，是牵拉衣物，而不是去牵拉宝宝的手腕和脚踝，以免造成脱臼。

（11）一边给宝宝穿脱衣物，一边与宝宝聊天，玩小手小脚躲猫猫的游戏。比如："宝宝，我们要开始穿衣服了！小脚，小脚，过山洞，小手，小手，变变变……哇！小手变出来了！……"

（12）育婴师不要留指甲，避免在接触时伤害到宝宝。

（13）如果不能天天给宝宝洗澡，就一定要经常更换内衣和衣服，最好每天一换。

（14）给宝宝换衣服时，全程要注意保暖。

◎ 婴幼儿二便照料

1.婴幼儿二便的特点、规律

宝宝的大小便分泌情况是反映他们健康情况的"晴雨表"，作为育婴师，有必要了解清楚。一般来说，宝宝大小便具有以下规律。

（1）宝宝一般在吃奶、喝水之后15分钟左右就可能排尿，然后隔10分钟左右可能又会排尿。

（2）吃母乳的宝宝大便呈金黄色，偶尔会微带绿色且比较稀；或呈软膏样，均匀一致，带有酸味且没有泡沫。通常大便次数较多，一天排便2～5次，但有的宝宝也会一天排便7～8次。随着月龄增长，大便次数会逐渐减少，2～3个月后大便次数会减少到每天1～2次。

（3）如果宝宝吃的是配方奶，每天应至少大便1次，大便通常呈淡黄色或土黄色，相对较干燥、粗糙，如硬膏样，常带有难闻的粪臭味。如果奶中糖量较多，大便可能变软，并略带腐败样臭味，而且每次排便量也较多。有时大便里还混有灰白色的"奶瓣"。

（4）3～6个月的宝宝，有的大小便已很有规律，特别是每次大便前会有比较明显的反应，如发呆、愣神、使劲等，这时育婴师应及时发现并抱起他，帮助他顺畅排便。

（5）6个月以上的宝宝每天基本上能够按时大便，形成一定的规律后，定时把大便成功的概率就比较大。但这一时期的宝宝还不能自己有意识地控制大小便，只是条件反射性地排便排尿，这就要求育婴师要多观察宝宝的反应，如有的宝宝排大便前脸部会有表情，自己会"嗯嗯"地示意。

2.男婴便后清洁

男婴的会阴部兼有排泄和生殖的功能，且阴囊和阴茎的皮肤褶皱较多，汗腺也很多。大量的汗液、尿液及粪便残渣易污染阴囊和会阴区，因此，一定要经常对其进行清洗和护理，否则会导致细菌的繁殖。具体清洁方法如下。

（1）轻轻提起宝宝的双踝，以方便擦拭肛门和周围的皮肤。擦拭时要从阴茎向肛门的方向进行。

（2）清洁阴茎时，要顺着离开身体的方向擦拭，然后，轻轻地扶直阴茎，再温柔地擦拭阴茎根部和阴囊表面褶皱的皮肤。重点清洗阴茎的根部和阴囊处的褶皱，这里比较容易留存汗液和尿液。

（3）大腿根部和周围褶皱的皮肤也要擦拭干净。

（4）清洗干净后，等屁股干透，可以涂上护臀膏或其他护肤品，再穿上纸尿裤。

 护理经

男宝宝的阴茎和阴囊布满神经和纤维组织，育婴师在清洗时，要特别注意，不要因为紧张慌乱，挤压到宝宝的这些部位。另外，污垢很容易聚集在宝宝阴茎根部和阴囊皮肤褶皱间，育婴师应仔细擦拭干净。

3.女婴便后清洁

由于女婴的尿道比较短，且生殖器处在尿道口和肛门的中间，并总是藏在尿布"创造"的"黑暗环境"中，容易受到大小便残留的液体和残渣的污染，因此，一定要及时清洗，否则不但容易发生红屁股，严重时还会导致尿道炎、阴道炎等疾病。具体清洁方法如下。

（1）把纸尿裤解开后，先用湿巾把会阴周围和肛门处的污物擦掉。注意擦的时候，要从上往下、从前往后擦，以免污染会阴。

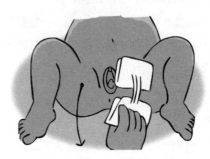

（2）接着用干净的湿巾轻轻擦拭阴唇。为防止伤害到女婴，阴唇内侧最好不要擦拭。

（3）最后清洁大腿根部，尤其要注意皮肤褶皱处的清洁。擦拭的时候，动作一定要轻柔。

（4）如果大便比较黏稠，用湿巾擦拭后，还要再用温水清洗一下。洗屁股不需要用任何清洁液或者肥皂，以免破坏其自身的酸碱平衡。

（5）清洗完毕后，用干净的毛巾擦干。

 护理经

女婴的会阴处不能使用爽身粉，因为爽身粉的粉尘极易从阴道口进入阴道深处，甚至内生殖器，从而导致感染。

4.更换尿布

更换尿片时，先要将屁屁皮肤清洗干净，男女宝宝都要注意私处的清洁，然后将屁屁擦干，保持干爽，继而涂上婴儿专用的护臀膏，以隔绝皮肤和尿液，最后换上干净的尿布或纸尿裤。

具体步骤如下图所示。

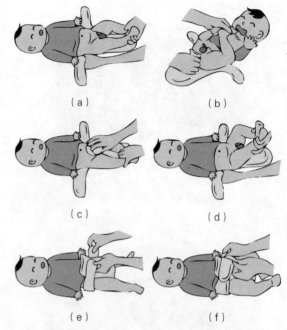

（a）　　　　　（b）

（c）　　　　　（d）

（e）　　　　　（f）

（1）用一只手抬起宝宝的臀部，然后向臀部下方塞进尿布裤。

（2）用湿纸巾将宝宝的下半身擦拭干净，然后擦干。

（3）等皮肤干爽后涂上婴儿护肤霜。

（4）适度地分开双脚，然后在双腿之间夹尿布，并自然地调整尿布形状。

（5）让尿布贴紧后背，以免从后背流出尿液。

（6）左右对称地固定尿布套。如果尿布被挤出尿布套外面，就应该把尿布塞进尿布裤里去。如果尿片露出尿兜外，对于尿量较少的宝宝尚无关紧要，但对于尿量较大的宝宝则容易沾湿衣服，所以应该把尿片端正地放在尿兜中。

5.更换纸尿裤

为了最大限度地减少纸尿裤对宝宝造成的不舒适感，应当经常更换纸尿裤。具体步骤如下图所示。

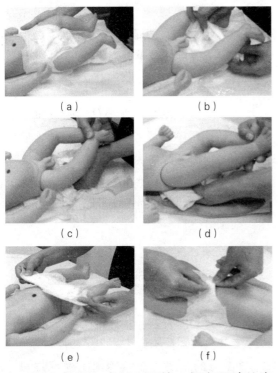

（a）

（b）

（c）

（d）

（e）

（f）

（1）打开一个新纸尿裤，把有腰贴的半边放在宝宝的脏尿裤下面。注意新尿裤的顶端应该放在宝宝腰部的位置。

（2）把脏尿裤的腰贴打开，并折叠（以免粘住宝宝的皮肤），然后将脏尿裤的前片拉下来。如果是男孩，最好用一块干净的布或者另一块尿布赶快遮住他的阴茎，以免他突然撒尿。

（3）一只手抓住宝宝的两个脚踝，轻轻往上抬，另一只手把脏尿裤在他的屁股下面对折，干净的一面朝上，防止宝宝的脏屁股把下面要替换的干净纸尿裤弄脏。

（4）将残留的大小便清洁干净，让宝宝的屁股自然晾干，或用干净的布轻轻拍干。必要时，还要涂上护臀膏。如果要换下的纸尿裤很脏，在给宝宝清洗的时候，可以在他屁股下先垫一块布、毛巾或者一次性尿垫，以免弄脏新尿裤。

（5）把脏尿裤取走，将新尿裤的前片向上拉起，盖住宝宝的肚子。在他的脐带残端干燥脱落之前，注意不要让尿裤遮住脐带残端。

（6）把纸尿裤两端的腰贴粘牢。但要注意不能粘得太紧，以免挤着宝宝，以能容下育婴师的1个手指为宜。同时还要小心，不要让腰贴粘到宝宝的皮肤。注意将宝宝两腿间的尿裤尽量平展，让其尽量感到舒服。

育儿经

纸尿裤为一次性卫生用品，不要超时使用，以防渗漏或产生尿布疹，应适时更换干净的纸尿裤，保持皮肤干爽、清洁。使用过程中，若发现宝宝皮肤有过敏现象，应立即停止使用，可以更换另一种品牌的纸尿裤，或者与布尿片交替使用一段时间，有的宝宝也能很快适应。

◎婴幼儿大小便训练

帮宝宝培养良好的排泄习惯，除了可让他体内维持正常的新陈代谢，维护身体健康，还可让他学习自我控制及独立自主的能力，因为他能够不经大人的提醒与协助，有便意或尿意时，会自己到厕所里脱下裤子大小便。此外，还可教宝宝养成保持个人卫生与维护环境整洁的良好习惯。

1.用教具进行渐进式排便训练

（1）准备教具：一张图片、幼儿专用小马桶（幼儿用马桶盖）、防滑椅、几件易于拉下的裤子、垃圾桶、卫生纸。

（2）训练内容：训练前，先教孩子认识马桶构造，如果马桶过高应准备防滑椅，让宝宝踩上防滑椅，坐上马桶；女宝宝则让她坐马桶座圈。

等宝宝坐上去后，让他手扶好，并安抚他的情绪，让他能在轻松的心情下上厕所。训练的过程中，尽量让孩子放松心情学习，让他把上厕所当作是一种游戏。便完后，教他使用卫生纸擦屁股，并将使用过的卫生纸丢入垃圾桶中，且要记得教他冲水。带他一起洗手，养成良好卫生习惯。

2.在实践中对宝宝进行排便训练

让宝宝越早学会控制身体，他就越不需要他人协助，不过前提是必须等身体发展较成熟，否则孩子是无法学会的。

排泄习惯是一种自主性的生理机能，可经由条件反射及中枢神经的成熟而置于意志的控制之下。

一般来说，6个月大的宝宝可开始逐渐促使他养成固定排便的时间，要让其在固定的便盆中进行大小便。可以通过宝宝脸色及动作变化来判断其是否要大小便，并帮助其练习坐盆，时间控制在5～10分钟。

1岁半的宝宝可以开始训练固定时间排便的习惯，可带他定时坐小马桶，或将幼儿用马桶盖放在成人的马桶上，让他不会有要掉进马桶的恐惧，一旦慢慢养成习惯后，宝宝就会学着解大便了。

至于控制排尿则需较长的时间，约等宝宝1岁以后时，可以开始慢慢教他建立小便的习惯；2～3岁时，宝宝膀胱控制力发展较好，就可以慢慢训练成功了。

◎婴幼儿空气浴照料

育婴师可利用自然条件如空气、阳光、水等对宝宝进行锻炼。空气浴是这三种锻炼的第一步，主要是利用气温与体表温度之间的差异作为刺激来锻炼身体，使机体对气温变化具有更高适应能力。

1.空气浴的好处

经常对宝宝进行空气浴能增强身体适应气温变化的能力，加强对寒冷的适应性。

2.空气浴的要求

一般情况下，宝宝从2～3个月起就可以进行空气浴了。进行空气浴时，要把宝宝的衣服敞开，取走尿布，让皮肤充分暴露在空气中，并经常改变身体的位置，使各部位都能接触到空气。

3.空气浴的原则

（1）先在室内给宝宝做空气浴。让宝宝裸体或穿单薄、肥大、透气的衣服，使皮肤广泛地接触空气，可在20～24℃的室内进行。每次空气浴的时间可从开始时的几分钟逐渐延长到10～15分钟，最长可达2～3小时，同时还可结合体操或游戏活动进行。

（2）"有意"多裸露。宝宝满月后，每当给宝宝换尿布和衣服时，不要急于给宝宝穿衣服，而先让宝宝身体的一部分在冷空气中裸露一两分钟，让他的皮肤逐渐适应空气浴。

（3）掌握空气浴的时机。宝宝满2个月后，可以在早晚更衣或午睡后换尿布时或洗澡后进行空气浴。

4.室外空气浴需从夏天开始

室外空气浴要求在天气晴朗、微风的情况下进行，最理想的气候条件是气温在20℃左右，相对湿度为50%～70%，时间最好选在早饭以后1～1.5小时，因为此时空气中灰尘杂质与有害成分较少，空气凉爽，对机体的兴奋刺激明显；地点应该选择干燥的、没有过堂风的背阴处。

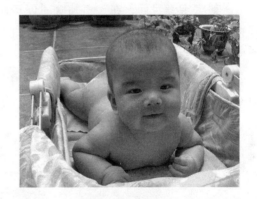

5.冬季进行空气浴的要点

在冬季，宝宝做空气浴时的室内温度最好保持在18～22℃，以免宝宝受冻生病。随着宝宝的成长，空气浴的室内温度也可以逐渐降低。3岁左右的宝宝，空气浴室内温度可降低到16℃左右。

大雾、大风、寒冷等情况下不要勉强进行空气浴。

◎ 婴幼儿日光浴照料

日光浴是让太阳直接照射身体，让身体内的表皮细胞通过阳光来进行对人体有益的活动。无论春夏秋冬，宝宝都需要进行日光浴。阳光是最好的维生素D"活化剂"，常晒太阳可以帮助宝宝骨骼健康成长，促进钙的吸收，预防和治疗佝偻病，还可以满足宝宝手脚想自由活动的欲望，进一步增进宝宝的睡眠和食欲。

1. 日光浴的时机选择

一般宝宝满月后，在天气晴暖时便可接受日光浴了。如果担心宝宝月龄太小，可在有阳光时，打开窗户让宝宝感受一会儿。在时间的选择上，以上午8时至10时、下午4时至5时这两个时段为佳。

不管是哪个季节，上午10时至下午4时这段时间，切不可让宝宝长时间在户外晒太阳，因这个时段阳光中的紫外线最强，会对皮肤造成伤害，且猛烈的日光也会对宝宝的眼睛造成伤害。

如需到户外，出门前可以先开窗，让宝宝有一个适应的过程，此时要注意避免对流风，然后在保暖的前提下，到户外晒太阳。如果受条件限制不能经常晒太阳，可以给宝宝加服一些鱼肝油，以预防佝偻病。

 育儿经

每次晒太阳的时间长短随宝宝年龄大小而定，要循序渐进，可由十几分钟逐渐增加到半小时或1小时。

2. 日光浴的环境选择

（1）带宝宝晒太阳可选择清洁、平坦、干燥、绿化较好、空气流通，但又避开强风的地方，最好到有草坪、有灌木植被的小区或公园内，因为这样的环境比较安静，空气也较清新，可以给宝宝一个好心情，有利于其身心健康。

 育儿经

要特别注意不要在车水马龙的交通干线边上晒太阳，以避免宝宝吸入过多的汽车尾气。

（2）如果条件和时间受限，让宝宝在室内阳台晒太阳也可以，但注意不要隔着玻璃晒。研究表明，在隔着玻璃进行测试的情况下，紫外线透过率不足50%，若到距窗口4米处，则紫外线不足室外的2%。由此可见，在室内隔着玻璃晒太阳是不科学的。

3. 日光浴的穿着选择

（1）晒太阳时，应尽量将宝宝的皮肤暴露在外，让阳光与皮肤亲密接触。有的育婴师太过谨慎，将宝宝裹得严严实实，其实这样晒太阳是没什么效果的。

（2）在晒太阳时，给宝宝戴上一顶带帽檐的小帽子是有必要的，特别是年龄特别小的宝宝，其毛发较稀疏，而且头颅骨骨板薄，头颅前囟及颅缝都没有完全闭合，对阳光中紫外线抵抗能力较差。另外，带帽檐的帽子还可以起到保护宝宝视网膜的作用。

4. 注意事项

（1）晒太阳时不宜空腹。

（2）防止阳光直射宝宝的眼睛，如果太阳光很强，宝宝头部上方应有遮阳的东西，如戴上太阳帽。注意不要在阳光下晒得太久，可考虑在树荫下进行日光浴。

（3）日光照射时，要观察宝宝的反应，如脉搏、呼吸、皮肤发红及出汗情况等，以判断宝宝可接受日光照射的时间和强度。若日光照射后，宝宝出现虚弱、大汗淋漓、神经兴奋、睡眠障碍、心跳加速（脉搏增加30%）等情况，应立即减少或停止日光浴。

（4）因宝宝的皮肤较薄，体表面积相对较大，水分丢失较多，故每次"日光浴"后，应多喂些水给宝宝喝。

（5）宝宝生病时，如发热、严重的贫血、心脏病以及消化系统功能紊乱，导致身体特别虚弱，就不宜进行日光浴。

（6）冬季在室内做日光浴要开窗。

（7）日光浴不能过量，一般夏季以20~30次为一个阶段，然后休息10天左右，在间歇期可进行空气浴。千万不能让宝宝暴晒，因为暴晒会引起皮肤烧伤或中暑，严重者能引起红细胞破坏，造成贫血。甚至暴晒也能成为皮肤癌发病的因素之一。

（8）在宝宝日光浴后，育婴师要用干毛巾或纱布仔细擦干汗迹，并给宝宝换上干净的内衣。

（9）宝宝长湿疹并很严重的时候，注意不要让阳光直接照射宝宝的患部。

◎ 婴幼儿水浴照料

当宝宝进行了空气浴、日光浴的锻炼后，最后开始水浴的锻炼。水浴锻炼是利用身体表面和水的温差来锻炼身体，此法更容易控制强度，充分发挥宝宝的个体特点。一年四季均能进行水浴。

1. 水浴的好处

经常给宝宝水浴能预防反复呼吸道感染，预防手脚冻疮，增强皮肤对寒冷环境的适应能力。

2. 水浴的基本要求

水的导热性很大，因此能从体表带走大量的热量。一般健康儿童对低于20℃的水温会产生冷的感觉，20～30℃有凉的感觉，32～40℃有温的感觉，40℃以上是热的感觉，水浴的原则是从温水开始。1个月以内的宝宝可进行温水锻炼，1个月以后可逐渐向水浴过渡。同时要注意水温越低，则与身体接触的时间要越短。

3. 水浴的方法

水浴方法很多，有冷水浸浴、冷水擦浴、冷水冲淋等。

（1）冷水浸浴。对宝宝来说冷水浸浴比较适宜，操作方法如下。

用一较大的盆盛水，量以宝宝半卧位于盆中时，锁骨以下身体部位全浸入水中为宜。当室温为20～25℃时，水温35℃就行，每次浸泡时间不超过5分钟。浸浴后，再以低1～2℃的水冲洗全身。水浴完毕，立即用大毛巾包裹好，擦干水后，宝宝皮肤以轻度发红为佳。

浸浴每天锻炼1次，以后随着宝宝年龄增长，耐受性增强，可逐渐降低水温至28～30℃。

 育儿经

宝宝除了冷水浸浴外，平时洗澡、洗脸、洗脚水温也不要太高，以增强耐寒能力。

（2）冷水擦浴。这是最温和的水浴锻炼，操作方法比较简便，适用于6～7个月以上的宝宝和体弱宝宝。室温应控制在20℃以上，夏季可在室外进行。开始时水温稍高些，为35℃左右，每隔1天降低水温1℃；较小的宝宝，水温可逐渐降至20℃左右，较大的宝宝水温可降至17～18℃，以后维持此水温。

操作方法如下。

① 开始时，应先进行二次干擦，即用柔软的厚布或毛巾分区摩擦全身至全身发红为止。

② 湿擦的方法是脱去全身衣服，令宝宝躺在浴巾上，先用浸过水的毛巾（水中加1%的盐）摩擦上肢，然后用干毛巾摩擦皮肤，直到上肢皮肤出现轻度发红为止。

③ 以后作另一侧上肢、胸、腹、侧身、背及下肢。

整套操作时间为6分钟，然后让宝宝静卧10～15分钟。年长宝宝可教会他们自己动手，但要帮他们掌握时间。

育儿经

擦浴动作要轻柔而快，完毕后用干毛巾擦干，再穿衣。

（3）冷水冲淋。适用于两岁以上的宝宝。可利用淋浴设备进行，也可以用普通的喷壶。

水温从34～35℃开始，逐渐降低，较小的宝宝可降至26～28℃，较大的宝宝水温降至22～24℃。

操作方法如下。

① 先冲淋宝宝背部，后冲淋两肋、胸部和腹部，注意不能用冲击量很大的水流冲淋头部。

② 接受冲淋的时间以20～30秒为宜。

③ 一般在早饭前或午睡后进行较好。

④ 冲淋完毕后要用干毛巾将全身擦干，如在寒冷季节，可进一步摩擦皮肤，使之微微发红和身体发热为好。

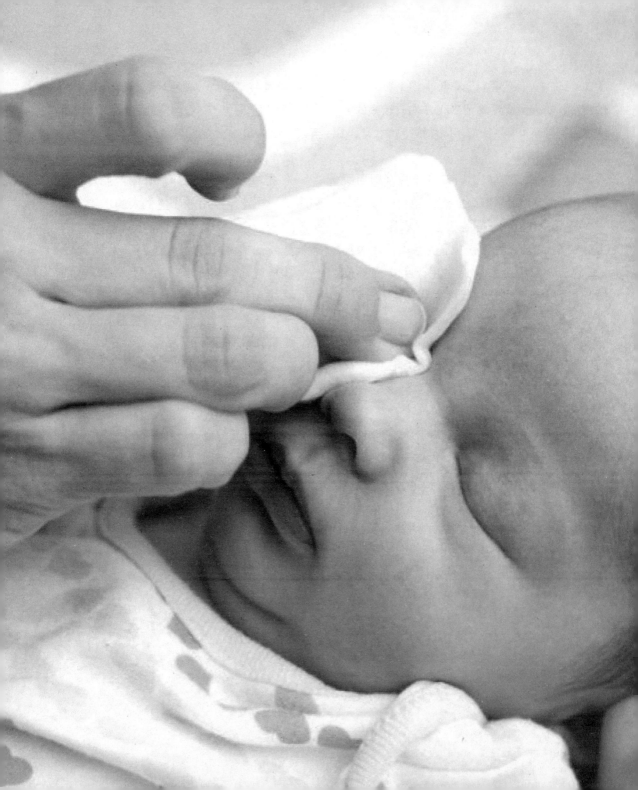

第 **4** 章

婴幼儿
卫生照料

◎ 新生儿敏感部位护理

新生儿的敏感部位护理指的是对脐部、囟门、乳痂和臀部的护理。

1. 脐部的清洁护理

宝宝脐带在结扎后，会形成一层天然创面，是细菌的滋养地，如果平时不注意消毒，很容易感染，严重者甚至导致败血症。所以，清洁护理脐部非常重要。

（1）日常护理。

① 尽快干燥。宝宝出生24小时后，打开包扎脐部的纱布。以后不再包扎，以促使残端干燥和脱落。

② 每天消毒。准备好消毒棉签、75% 酒精。处理残端前先洗净双手，之后左手捏起脐带残端，轻轻提起，右手用消毒棉签蘸75% 酒精后，围绕脐带根部由内向外做环形消毒，将分泌物及血迹全部擦掉，擦净为止。

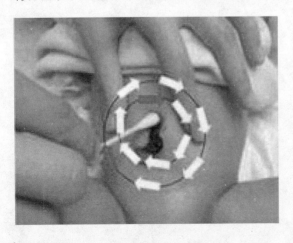

育儿经

每天早晚都要消毒1次，时刻保持局部清洁、干燥。

（2）注意事项。

① 注意尿布的包法。在给宝宝换湿尿布时，一定要非常小心，防止尿液过多蔓延至脐部发生污染。尤其是给男宝宝换尿布时，应先将生殖器朝下放好，避免朝上尿湿尿布污染到脐部而发生感染。

② 在宝宝脐部创面结痂脱落前，注意千万不要让肚脐沾水。如果发现脐根部有脓性分泌物，而且脐周发红，说明有脐炎发生，应立即去医院就诊。

③ 大多数宝宝的脐带结痂会在7～14天后脱落，但也存在特殊的情况。宝宝的肚脐上有两根脐动脉、一根脐静脉，如果有的宝宝脐动脉本身就粗大的话，它的脱落时间就会比正常的宝宝长，遇到这种情况不要担心，这不是什么病症，只是宝宝个体上的差异而已。

2. 囟门的清洁护理

囟门是新生宝宝脑颅的"窗户"。脑组织软，需要骨性的脑颅保护，但对于密闭的脑颅来说，囟门就是上面的一个开放空隙，很容易受到外界不利因素的侵害，所以囟门的日常清洁护理非常重要。

（1）日常清洁。

① 囟门的清洗可在洗澡时进行，可用婴儿专用洗发液而不宜用强碱肥皂，以免刺激头皮，诱发湿疹或加重湿疹。

② 清洗时手指应平放在囟门处轻轻地揉洗，不应强力按压或强力搔抓，更不能以硬物在囟门处刮划。

③ 如果囟门处有污垢不易洗掉，可以先用婴儿油润湿浸透2～3小时，待这些污垢变软后再用无菌棉球按照头发的生长方向擦掉，并在洗净后扑以婴儿粉。

（2）日常护理。

① 0～3个月的宝宝不要睡枕头。不要给宝宝使用材质太硬的枕头，如绿豆枕、蚕枕，否则很容易引起宝宝头部变形。

② 不要让宝宝固定一个睡姿，想要宝宝的头形完美，就要经常为他翻翻身，改变一下睡姿。宝宝喜欢光线，如果他习惯侧向某一边睡，可以在另一侧用柔和的光吸引他。

③ 注意家中家具，避免尖锐硬角弄伤宝宝的头部。

④ 如果宝宝不慎擦破了头皮，应立即用酒精棉球消毒，以防止感染。

⑤ 冬天外出应给宝宝戴较厚的帽子，在保护囟门的同时也减少了热量的散失。

3.乳痂的清洁护理

新生宝宝头皮的皮脂腺分泌很旺盛，如果不及时清洗，这些分泌物就会和其头皮上的脏物积聚在一起，时间长了会形成厚厚的一层乳痂，看上去脏兮兮的，令人非常不舒服。

对于乳痂可用以下方法清理掉。

（1）将植物油加热消毒，放凉，备用。另外，一些以植物油成分为主的婴儿油或婴儿润肤露也是清洗乳痂的不错选择。

（2）将冷却的清洁植物油涂在头皮乳痂表面，不要将油立即洗掉，需滞留数小时，待头皮乳痂变软后再洗。比较薄的头皮乳痂会自然脱落，比较厚的头皮乳痂则需多涂些植物油，多等一些时间。

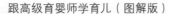

（3）头皮乳痂松软但没有脱落时，可用小梳子慢慢地、轻轻地梳一梳，厚的头皮乳痂就会脱落，然后再用婴儿皂和温水洗净头部的油污。

（4）清洗后用干毛巾将宝宝头部擦干，冬季可在洗后给他戴上小帽子或用毛巾遮盖头部，防止其受凉。

 育儿经

清洗时，要注意动作轻柔，不要用指甲硬抠，更不要用梳子去刮，以免损伤头皮而引起感染。

4. 臀部的清洁护理

新生宝宝的皮肤非常稚嫩，稍有不慎，白净而稚嫩的皮肤就会出现问题，尤其是臀部，更易遭受损伤，稍有疏忽便又红又肿，使宝宝哭闹不休，影响吃奶和睡觉。因此，一定要精心呵护，护理时手法要得当。

宝宝臀部的日常护理方法如下。

（1）尿布要勤换勤洗。选用柔软、吸水性良好、大小适中的尿布，每次喂奶前、排便后及时清洁干净，在保证臀部彻底干燥后再换上干净的尿布或纸尿裤，而且尿布或纸尿裤不可兜得过紧。尿布的外面不要用塑料布包裹，否则易使臀部潮湿而发热，致皮肤发红、糜烂。

（2）便后要清洁臀部。大便后用温水洗净臀部，或用婴儿护肤湿巾从前向后擦拭干净。切不可来回擦拭，以防再次污染。

（3）要保证臀部干燥。尿布必须包裹整个臀部和外阴，经常查看尿布有无污湿，做到及时发现，及时更换。

（4）尽量减少爽身粉的使用，因为爽身粉吸水后容易结块，刺激皮肤。臀部皮肤正常时，可薄薄地涂一层护臀膏。若屁股发红，清洁后不要急于换上新尿布，一定要充分干燥，局部皮肤有破溃时不要使用护臀膏，也不要用热水清洗，应请医生诊疗。

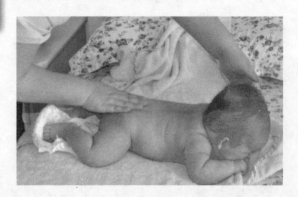

◎婴幼儿眼、耳、鼻部护理

1.清洁工具

所有给宝宝用的清洁工具应选用消毒过的棉签、棉球或纱布，且使用次数以1次为限，不可重复使用。

2.清洗眼屎

育婴师平时要多留意宝宝眼睛的状况，尤其是对新生儿的眼睛护理。眼睛分泌物过多时，不定时清洗、擦拭，才能让宝宝"水汪汪"的眼睛明亮又健康。

（1）操作步骤。

① 用流动水彻底清洁洗手。

② 将小方巾用温水打湿，拧干，水温在30～40℃比较适宜，用手去感受不冷不热。

③ 将方巾柔软的一面轻轻地覆盖宝宝整只眼睛，保持15秒，目的是软化分泌物。

④ 像做眼保健操那样，从内向外，先上后下，轻柔将分泌物清理干净。

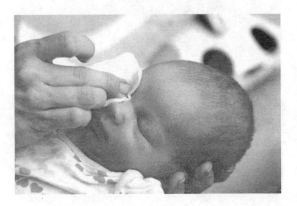

（2）注意事项。

① 新买回的方巾一定要经过洗、晒后再给宝宝用，保证干净。

② 水最好是烧开后冷却的温水，防止宝宝眼睛感染。

③ 由于宝宝皮肤，特别是眼睛比较娇贵，动作一定要轻，有时可以用蘸，不一定用擦。

④ 不能用手直接去摸宝宝的眼睛，或者用不干净不卫生的毛巾给宝宝清洗眼睛。最好使用消毒过的一次性纱布。

 育儿经

> 如果眼屎太多，怎么也擦不干净，或出现眼白充血等异常情况时，就应及时到医院检查，看有无异常情况。

3.清洗鼻屎

宝宝鼻腔的分泌物，有一部分为羊水和胎脂的残留物，另一种常见的垢物则多是因宝宝吐奶或溢奶时，奶从鼻腔出来后遗留下来的奶垢。由于宝宝鼻孔很小，往往容易造成鼻塞。鼻子不通气，呼吸就会困难，宝宝就会不好好吃奶，情绪变坏。若鼻子堵塞厉害，可用棉签轻轻弄掉。

（1）操作步骤。

① 将宝宝带至灯光明亮处，或者使用手电筒照射。

②用棉签蘸一些开水（冷却后）或生理盐水，轻轻地伸进鼻子内顺时针旋转即可达到清洁的目的。

（2）注意事项。

①用棉签只能去掉较外面的鼻屎，稍里边一点，棉签就无能为力了。倘若鼻子堵塞得实在厉害，妨碍呼吸，用棉签又取不出来的话，可带宝宝到医院请医生用仪器吸掉。千万不要将棉签伸到宝宝鼻子里面去掏。

②一两个月大的宝宝尚不能滥用滴鼻药。

 育儿经

经常让宝宝进行室外空气浴和日光浴，宝宝的皮肤和黏膜自会得到锻炼，鼻子堵塞现象就会减少。

4.清洗耳垢

宝宝有的时候因为吐奶或流汗，耳郭周围或者耳朵后面总是显得脏兮兮的，遇到这种情况时可采用以下方法。

（1）可以用婴儿香皂蘸上水打出泡沫，先放在一边。然后用一只手摁住宝宝的脸颊，用另一只手的任意一根手指蘸肥皂液轻轻地涂在耳郭或者耳后面有污垢的地方，把污垢轻轻揉开，再用干净的婴幼儿专用海绵或湿纱布擦干净就可以了。

（2）用棉签蘸上婴儿油或是橄榄油，涂在耳郭或耳后面有污垢的地方，停留一会儿，再用棉签轻轻地揉开，最后用湿纱布或者是婴儿专用海绵擦干净。

 育儿经

宝宝的耳道尚未发育成熟，且皮肤很娇嫩，千万不要去掏宝宝的耳道。

◎婴幼儿口腔护理

1.长乳牙前的口腔护理

一般情况下，宝宝出生6个月就会开始长牙（也有更早的），并会伴随一些不适症状，如牙龈肿胀、发烧、疼痛等，育婴师要学会判断宝宝长牙的不适症状，并正确护理。

（1）护理前。给宝宝做口腔护理前，要做好准备工作。先让宝宝侧卧位，用小毛巾或围嘴袋围在他的颌下，以防止护理时沾湿衣服；同时准备好棉签、淡盐水和温开水，育婴师洗净双手。

（2）护理时。先用棉签蘸上淡盐水或温开水，擦宝宝口腔内的两颊部、齿龈外面，再擦齿龈内面及舌部。

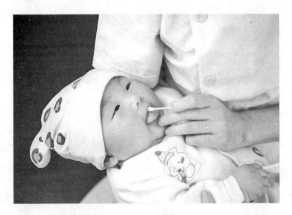

对不配合的宝宝，育婴师可用左手的拇指、食指捏他的两颊使其张口，但一定不能用力过猛，以免伤着宝宝。

另外，擦洗时应注意，所有使用的物品要保持清洁卫生，已消毒的物品不被弄脏污染。擦洗一个部位要更换一个棉签，同时棉签上不要蘸过多的液体，以防止宝宝将液体吸入呼吸道造成危险。

（3）护理后。口腔护理后，用小毛巾把宝宝的嘴角擦拭干净。口唇有干裂的可涂消毒过的干净植物油；患口腔溃疡或鹅口疮的宝宝可涂一些常备药物，或根据需要遵医嘱涂抹其他药物。

2.长牙后的口腔护理

1岁以内的宝宝刚长出乳牙时，可用指套牙刷或纱布蘸上温开水，轻轻擦拭乳牙和牙床。牙齿清洁也要有规律地进行，每天早晚各一次，晚上喂完最后一次奶后要进行一次，以免奶液长期留在口中导致龋齿。

待宝宝乳牙全部出齐后，育婴师就要教会他刷牙，具体内容本书第9章将详细介绍。

◎ 给婴幼儿洗头

1.准备工作

（1）调整周围环境和室温：室温为24～26℃左右为最佳。

（2）关闭门窗，保证房间内没有风。

（3）育婴师清洗自己的双手。

（4）准备洗头用的相关物品，如温水、毛巾、洗发水等。

2.洗头步骤

（1）把宝宝的头放在自己的左手臂上，头朝下的姿势最好，用左手掌扶着宝宝的脑袋，使宝宝呈稍稍倾斜的姿势，并腾出右手来给宝宝洗头。

（2）用左手的大拇指，折叠宝宝的耳垂，使它们刚好完全遮掩宝宝的耳朵口。

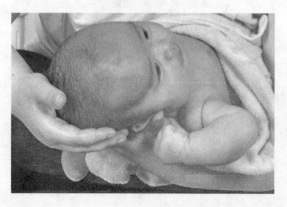

（3）右手浇水，将宝宝头发湿润。浇水时也要小心谨慎，避免水浇到宝宝的面部或者耳朵内。

（4）等到头发已经湿润后，右手取少量洗发液和温水稀释，轻轻地按摩清洗头皮。

（5）用洗发液揉搓几分钟后，再用温水冲洗，清洁宝宝头上的洗发液。为了避免洗发液流入宝宝的眼睛，在清洗时，育婴师可将毛巾浸入温水中，再从上而下慢慢擦洗头发。

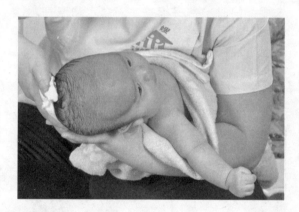

3.注意事项

（1）无论给多大的宝宝洗头都要注意感情安慰。在洗头时让宝宝的身体尽量靠近你的胸部，较密切地与他的上身接触，宝宝的头部也不要过分倒悬，稍微倾斜一点，同时还要不断地安抚宝宝，以增加孩子的安全感，几次之后适应了，孩子也就不再哭闹了。

（2）1岁以内的宝宝，应不用或少用洗

发水。1岁以上的宝宝，可适量使用婴幼儿专用洗发水。千万不要给宝宝用成人洗发水。

（3）宝宝使用的毛巾和盆应该与大人的严格分开，最好单独使用。

◎ 给婴幼儿洗澡

洗澡能清洁皮肤、维护皮肤的健康。温水澡能溶解皮脂、松弛皮肤、扩张皮肤毛细血管、促进代谢产物的排出。育婴师必须掌握给宝宝洗澡的正确方法。

1.基本要求

（1）宝宝出生后第二天就可以洗澡（一般在医院产科婴儿室每天洗1次）了，冬季每天一次，夏季每天1～2次。

（2）每次洗澡的时间不宜过长，整个过程最好不要超过15分钟。每次洗澡的时间应安排在喂奶前1～2小时，以免引起吐奶。

2.准备工作

（1）把需要用到的东西都准备好：毛巾、洗护用品、干净的尿不湿、干净的衣物等。

（2）将水温（可用前臂试水温，以不烫为宜）、室温调节好。室温控制在25～28℃，水温控制在38～41℃。

3.洗澡步骤

（1）轻抬宝宝上半身，将其放入澡盆，左手托住宝宝后颈部。

（2）用右手由上至下清洗宝宝颈部、腋下、上肢、胸腹部、会阴、臀部、大腿根部。清洗会阴时，应从前往后清洗。

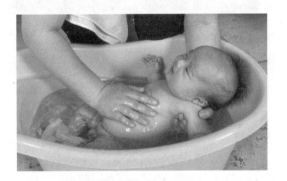

（3）让宝宝趴在育婴师的右前臂，依次清洗背部、下肢、手掌、脚丫。

（4）托住宝宝颈部，将其轻轻抱出澡盆，用浴巾包好宝宝身体，轻轻按压吸干全身的水分，再用棉签吸干耳孔水分，擦拭耳郭。

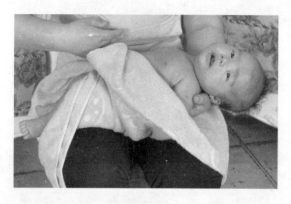

4.给婴幼儿洗澡时脐部的护理

对脐带没有脱落的宝宝要上下身分开来洗。先洗上半身，包住下半身。洗的顺序是：先胸腹部再背部。要重点清洗脖子和腋窝褶皱部位。

洗完上身后用浴巾包裹住，再洗下身。

全身洗完后脐带用消毒棉签蘸75%的酒精擦拭，先擦外周，再换一根棉签擦脐带里面，不要让脐带里面存水。

5.洗澡时间

宝宝洗澡时间不宜过久，如果宝宝生病了，则不宜洗澡，以免消耗体力。给新生儿洗澡，全程最好控制在10分钟之内，温水中浸泡时间不要超过5分钟，并做好防感冒措施。

6.洗澡姿势

（1）0～6个月的宝宝脊柱未发育完全，身体很软，应由大人用手托住宝宝，让宝宝以躺卧的方式来沐浴。注意，最好是让宝宝以躺卧的方式来沐浴。

（2）6个月以上的宝宝可以坐起来了，也更愿意坐着玩水，如果在盆里放一些玩具，他也会更配合。此时可以给宝宝选择坐卧两用的浴盆。

7.注意事项

（1）不管给宝宝使用哪种婴儿浴盆、洗澡椅或沐浴架，都不要让他在没人看管的情况下待在浴盆里。

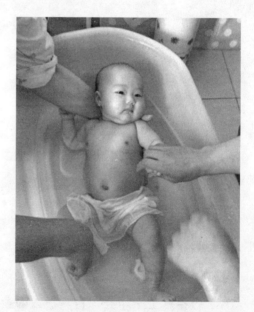

（2）在往浴盆里放水的时候，千万不要

把宝宝放进浴盆（放水过程中，水温可能会有变化，或是水太深了）。

（3）往浴盆中放水时应先放凉水，后放热水，以减少烫伤宝宝的危险性。

（4）为家庭浴室创造安全条件。可放一块橡胶材质的浴室地垫，并用水龙头保护罩把水龙头罩上。

（5）确保洗澡水的温度适宜。宝宝通常更愿意用稍微凉一点的水。宝宝在约60℃的水中待上不到1分钟就可能被烫伤。

（6）给不满6个月的宝宝洗澡，浴盆里只需放大约5～8厘米深的水。更大一些的宝宝洗澡时水深也不要高过他的腰部（坐位时）。

（7）婴幼儿肤质和成人不同，应选用婴幼儿专用洗护品，洗发、沐浴分开的更好。

◎婴幼儿指甲护理

宝宝指甲长时，一定要剪，因为指甲下容易藏污纳垢，成为多种疾病的传播源。

1.挑选合适的时机

洗澡后的指甲是最软最易剪的，如果宝宝比较配合，可以选在洗澡后为其剪指甲。但如果宝宝不配合，可以参照以下3点。

（1）0～1岁的宝宝：在宝宝熟睡时进行，以免宝宝出现反抗。

（2）1～2岁的宝宝：熟睡时也可以，

但这个阶段的宝宝逐渐能听懂大人的指令，可以在他们比较安静的时候修剪。

（3）2～3岁的宝宝：大人可以在宝宝面前剪指甲，告诉他这是讲究卫生的行为，引起宝宝的兴趣，及时为他修剪，剪完给予宝宝表扬和鼓励。

育儿经

无论是什么时候给宝宝剪指甲，如果他出现了反抗的情绪，那就要暂停下来，以免宝宝对此产生抵触心理。

2.长度、形状别搞错

（1）长度。确保剪完后指甲的边缘和甲床有1毫米的距离。

（2）形状。先把指甲中间部分剪平整，再把边角稍作修剪即可，这样剪出来的指甲应该是和指尖平行的指甲，而不是两边低下去的圆弧状。

育儿经

弧形指甲中间高两边低，低下去的两边长长后，很容易导致嵌甲的情况，应注意避免。

3.注意握手姿势

宝宝的身体相当柔软，为其剪指甲时，

育婴师不需要将宝宝抱在怀中或放在腿上，让宝宝平躺在床上即可。育婴师的视线方向要与宝宝一致，而不是面对面，才可以看清楚修剪的部位，以免剪得太多或是剪到皮肉。

修剪时先以适当的力道按压住宝宝的手，记得要固定住整个手掌而不是只固定要剪的指头，让宝宝较不易挣脱，然后以拇指和食指夹住宝宝的指关节，只露出一节甚至半节的指头，便可稳定地为其修剪。

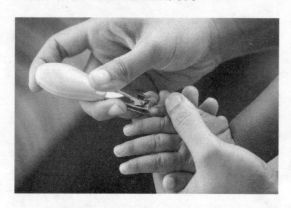

◎婴幼儿居室清洁

宝宝尚在发育阶段，脏腑娇嫩，抵抗力弱，因此一定要合理安排好宝宝的生活环境。

1.保持婴幼儿居室空气良好

（1）宝宝居室不论春夏秋冬，每天应定时开窗通风，保持空气清新，室内禁止吸烟。

（2）宝宝未出满月时，应尽量避免众多亲朋好友的来访探视，避免室内空气污染和细菌侵入。

（3）家人外出归来，应清洗双手并更换外衣后，才能接触宝宝。

（4）夏季，宝宝的居室要凉爽通风，但要避免直吹"过堂风"。

（5）居室内可养一些对净化室内空气有益的植物。

（6）家中如果养宠物，应注意不要让猫、狗、鸟类等动物进入宝宝的房间。

（7）装修后的新居须充分通风、彻底无毒害后才能让宝宝入住。

2.对婴幼儿居室定期进行清扫

对宝宝居室，应及时、定期打扫卫生，清理卫生死角，不给病菌以滋生之地。

家具要经常用干净的湿布擦拭；扫地时避免尘土飞扬，最好用半干半湿的拖把拖地，防止灰尘对空气的污染。

宝宝的床上用品应2～3天替换清洗1次,并在太阳下晾晒。

3.婴幼儿居室的适宜温度和湿度

宝宝房间的温度以18～22℃为宜,相对湿度以50%～60%为佳。

冬季,可以借助空调、取暖器等设备来维持房间内的温暖。为保证房间内空气新鲜和湿度适宜,要注意定时开窗通风换气,可在室内挂湿毛巾、使用加湿器等。

盛夏时期,如果不用空调,可在室内放盆凉水,以降低室温。

相关链接

婴幼儿居室布置要点

1.婴儿化

有些有孩子的家庭,居室的布置依然跟没孩子时的布置一样,四壁光秃秃的,没有一幅图画。这样,孩子的视觉得不到良好的刺激,色觉、立体觉、方位觉等方面的发育会相对滞后。

正确的做法是,在宝宝的居室及活动场所,悬挂一些卡通画,如米老鼠、唐老鸭,及宝宝的大头像或爸爸、妈妈的大头像、结婚照,或者是一些水果图画。要大一点的、颜色鲜艳的、立体感强的、生动活泼的,但不要太多,有3～5幅就够了。

2.宝宝居室的布置要经常变换

有人给宝宝看一幅图片,第一次他注视图片的时间是10秒,1小时内给宝宝再看同一幅图片时,他注视图片的时间缩短了5秒。由此可见,宝宝居室的布置要经常变换,使宝宝天天有新鲜感。变换的频率大概是一周变1次,变换的东西包括所挂的图画、家具的摆设、玩具等。

3.营造适宜宝宝吃奶、玩耍、睡觉的环境

宝宝吃奶时周围的环境要尽量单调、安静,避免给孩子不良的刺激。宝宝睡觉时也要安静,但不是绝对安静,允许周围有细小的声音,如脚步声、轻轻的谈话声、轻柔的音乐。这样有利于宝宝养成良好的睡眠习惯。

另外,宝宝吃奶、睡觉的环境应是一个安静的、相对固定的环境,尽量减少变换。这样有利于宝宝形成良好的条件反射,更易于其习惯的养成。

宝宝玩耍的环境当然要尽量生动活泼、声色俱全,要经常变换。

总之,不同的生活要求不同的环境,要做到因地制宜。

4.光线

宝宝居室尽量选择朝南向阳、光线充足的房间。婴儿床的四周要留出足够的余地,以免大人做家务时影响宝宝或发生隐患。

特别要注意以下事项。

(1)婴儿床要避免阳光直射,强烈的太

阳光会刺激宝宝的眼睛。

（2）婴儿床的放置不仅要方便日常看护，还要便于母子经常性的目光交流。

5.宝宝居室及周围须保持安静，避免嘈杂喧闹

因为宝宝的耳鼓膜十分脆弱，持续的噪声会影响宝宝的听力，严重时还会影响宝宝的智力发育和情绪发展。当宝宝醒来时，用收音机或音响设备放低音量的各种音乐给宝宝听，让他们从小接触音乐非常重要，音乐能带给宝宝节奏感，完善宝宝运动、语言、个性和情绪的发展，增强认知的发育，并可安抚他们的情绪。

◎ 婴幼儿衣物清洁

宝宝的衣服脏后应及时清洗，尤其是沾上各种顽固污渍的衣物，越快处理，效果越好。

1.洗衣用品的选择

在选择洗涤剂时，尽量选择婴幼儿专用的衣物清洗剂，或选用对皮肤刺激小的洗衣粉，以减少因洗涤剂残留导致的皮肤损伤。可用温水加适量的洗涤剂浸泡10～20分钟后再洗，然后彻底地冲洗干净。

2.婴幼儿的内衣和外衣分开洗

通常情况下，外衣比内衣更加容易藏污纳垢，而作为宝宝的贴身衣物，内衣多是棉的，更应该保持干净，因此必须分开清洗。

3.婴幼儿的衣服要手洗

宝宝衣物用洗衣机洗涤，会沾上许多细菌，这些细菌对成人来说不会产生不良影响，但对宝宝可能就会引起麻烦。因为他们的皮肤抵抗力差，很容易引起过敏或其他皮肤问题，因此宝宝的衣服要手洗。

4.婴幼儿的衣服要单独洗

将宝宝的衣服和成人的衣服混洗有可能让宝宝的衣服感染上各种成人衣物上的细菌，而细菌也会通过衣物沾染到宝宝娇嫩的肌肤上。

5.婴幼儿的衣服要漂洗干净

无论是用什么洗涤剂洗，漂洗都是一道马虎不得的程序，一定要用清水反复洗两三遍，直到水清为止。如果没有彻底地将残留在衣服中的洗涤剂清洗干净，宝宝很容易出现皮肤损伤。

6.正确晾晒婴幼儿的衣服

宝宝衣物可放在阳光下晾晒，起到杀毒的作用。尽量不要晾晒在阳光少、不通风的地方。

7.婴幼儿的衣物存放

（1）宝宝的衣物要存放在专用的小柜子里。衣服应晾晒干透后整齐叠放，避免因没有干透而产生异味。

（2）宝宝的衣物要放在干燥通风的地方，如木制衣柜，最好经常打开通通风，保持衣物干燥。

育儿经

存放宝宝衣物的衣柜里不要放樟脑丸和其他驱虫剂。

◎ 婴幼儿"四具"的清洁消毒

婴幼儿"四具"即宝宝使用的卧具、餐具、玩具和家具。宝宝的抵抗力弱，适应外界环境能力较差，对于其经常接触的"四具"应该进行严格消毒。

1.婴幼儿卧具的清理方法

用中性、无磷洗衣液（最好是婴儿专用）每周清洗1次被褥。若是被大小便污染过的被褥则应先清除污物后再进行清洗。应每天用清洁的湿布擦婴儿床。

2.婴幼儿餐具的消毒方法

所有的喂奶用具在使用前都要消毒，即使是新的也不例外。如果奶瓶在24小时内没有使用，就必须重新消毒。消毒好的用具，应以夹子夹取。对奶瓶和奶嘴清洗和消毒前应洗净双手。

（1）奶瓶和奶嘴的清洗。每次喂完奶以后，一定要把残余的奶液倒掉，及时清洗奶瓶，以免奶渍凝结在瓶身上。市面上有专用的奶瓶刷，可以伸进奶瓶，把各个角落清洗干净，特别要注意清洗瓶颈和螺旋处。

清洁奶嘴时不要使用清洁剂，应该把奶嘴翻过来，再用奶嘴刷清洗。如果有奶渍凝结在奶嘴上，可以用热水泡一会儿，等奶渍变软后再用奶嘴刷刷掉。要保持奶嘴上的出奶孔通畅。奶嘴每天至少消毒1次。

（2）玻璃奶瓶消毒方式。

① 煮沸式。玻璃奶瓶要与冷水一起煮沸，水应该覆盖住玻璃奶瓶。等水烧开后5～10分钟后再放入奶嘴、瓶盖等，盖上锅盖再煮3～5分钟后关火，放至水稍凉，用夹子取出，奶嘴、瓶盖套回奶瓶上备用。注意煮沸时间不能过久，否则容易变形。

② 蒸气式消毒。将玻璃奶瓶洗干净后，去掉奶嘴和瓶盖，放在蒸气消毒锅里，根据消毒锅说明书上的时间和使用方法操作。

（3）塑料奶瓶消毒窍门。

① 煮沸消毒法。准备一个不锈钢煮锅，里面装满冷水，水的深度要能完全覆盖所有已经清洗过的喂奶用具。让奶瓶、瓶盖装满水，这样就不会向上浮起。轻轻摇晃，直至见不到气泡为止。对于有空气积聚的地方，应设法为之消毒。

因为是塑料奶瓶，所以要等水烧开后才能将奶瓶与奶嘴、瓶盖一起放入消毒。

② 蒸气消毒法。目前，市面上有多种功能、品牌的电动蒸气锅或奶瓶消毒器，育婴师只需遵照说明书操作，就可达到消毒喂奶用具的目的。需要注意的是，使用蒸气消毒法时，仍需先洗净每样东西。

（4）宝宝碗筷的清洗与消毒。一般用自来水洗净后放到沸水（100℃）中煮15～20分钟，如雇主家有消毒柜，放入消毒柜内消毒即可。

3.婴幼儿玩具的消毒方法

给宝宝选择的玩具必须是有关部门检验合格的玩具，不仅安全性达标而且符合卫生标准，不易携带细菌、病毒，易于清洗。

宝宝往往有啃咬玩具的习惯，所以应该经常给玩具消毒，特别是那些塑料玩具，更应天天消毒，否则可能引起宝宝消化道疾病。

对不同的玩具应有不同的消毒方法。

（1）塑料玩具可用肥皂水、消毒片稀释后浸泡，半小时后用清水冲洗干净，再用清洁的布擦干净或晾干。

（2）布制的玩具可用肥皂水刷洗，再用清水冲洗，然后放在太阳光下暴晒。

（3）耐湿、耐热、不褪色的木制玩具，可用肥皂水浸泡再用清水冲后晒干。

（4）铁制玩具在阳光下暴晒6小时可达到杀菌效果。

育儿经

由于宝宝爱将玩具放在口中，加之宝宝

抵抗力差，所以不要给宝宝玩一些不易消毒的或带有绒毛的玩具。

4.婴幼儿家具的消毒方法

宝宝的手、口动作较多，自我控制能力差，所以在宝宝活动范围内的家具每天都需要进行清洁消毒。可以用干净的湿布擦拭灰尘，用国家有关部门检验合格的家具消毒剂进行消毒。

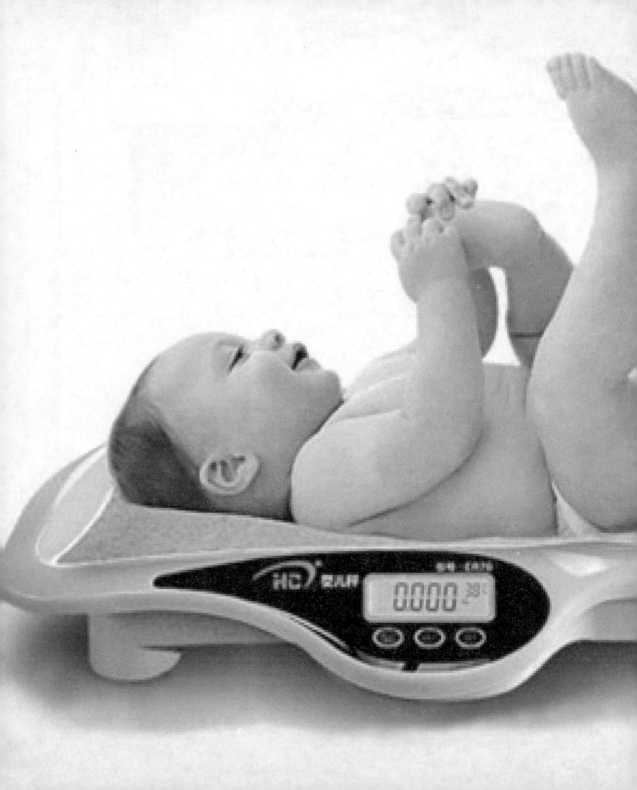

第 **5** 章

婴幼儿
生长监测

◎ 为婴幼儿测量体重

体重是反映宝宝生长发育的重要指标，是判断宝宝营养状况、计算药量、补充液体的重要依据。

1.婴幼儿体重的基本标准

0～3岁宝宝体重指标可参照下表。

0～3岁宝宝体重指标

年龄	体重/千克	
	男	女
1个月	3.6～5.0	2.7～3.6
2个月	4.3～6.0	3.4～4.5
3个月	5.0～6.9	4.0～5.4
4个月	5.7～7.6	4.7～6.2
5个月	6.3～8.2	5.3～6.9
6个月	6.9～8.8	6.3～8.1
8个月	7.8～9.8	7.2～9.1
10个月	8.6～10.6	7.9～9.9
12个月	9.1～11.3	8.5～10.6
15个月	9.8～12.0	9.1～11.3
18个月	10.3～12.7	9.7～12.0
21个月	10.8～13.3	10.2～12.6
2岁	11.2～14.0	10.6～13.2
2.5岁	12.1～15.3	11.7～14.7
3岁	13.0～16.4	12.6～16.1

2.婴幼儿体重增长的一般规律

我国正常新生儿的平均体重是2.5～4千克。出生后前3个月，平均每个月体重增加1～1.1千克；3～6个月，平均每个月体重增加0.5～0.6千克；6～12个月，平均每个月体重增加0.25～0.3千克。大概来讲，3个月时的体重可以达到出生时的2倍，12个月时的体重可以达到出生时的3倍，2岁时的体重能够达到出生时的4倍。

各年龄段宝宝体重的估算公式为：

6个月内体重＝出生体重＋月龄×600克

7～12个月体重＝出生体重＋月龄×500克

2～7岁体重＝年龄×2＋8（千克）

3.婴幼儿测量体重的方法

宝宝年龄不同，体重测量的方法也不同。

（1）给1岁以内的宝宝称体重。

① 用婴儿磅秤测量。这种磅秤其最大称重量一般不超过15千克，测量时将宝宝放于秤盘中央即可读取毛体重。

② 用布兜加钩秤测量。这种方法所用的秤一般为最大称重不超过10千克的钩秤。布兜可用一块较结实的边长约为50～60厘米

的布制成，在其四角缝上牢固的带子。测量时将宝宝放在布兜中央，拎起带子将布兜挂在秤钩上即可测量毛体重。

育儿经

测量时要注意防止秤砣滑脱，以免砸伤宝宝；不要将布兜提得太高，以免宝宝跌落受伤；最好的方法是在床上给宝宝称体重，这样比较安全。

③ 如果家里没有前两种秤，育婴师可以抱着宝宝站在普通大磅秤上先称一次体重，然后再单独称育婴师的体重，用第一个重量减去第二个重量即为宝宝的毛体重。

（2）给1～3岁宝宝称体重。此时的宝宝可以直接用普通磅秤或家用电子体重秤测量。让他站或坐在秤上，即可读出其毛体重。

4.婴幼儿体重测量提示

（1）每次测量时要让宝宝空腹，并且排去大小便，否则宝宝的净重容易出现误差。

（2）为避免宝宝受凉，测量时可以连衣物和尿布等一同称重。不过，测量完后要记得减去衣物和尿布的重量，这样才能够得到宝宝的净重。

（3）宝宝体重的增长存在着显著的个体差异，而且增长速度不可能以"绝对增长克数"衡量，最好把每次测量的结果记录在宝宝生长发育曲线上。

（4）不要简单地认为宝宝的体重低于平均值就是不正常，要连续进行体重测量，只要宝宝的体重按照一定的规律增长即属于正常。

（5）宝宝的体重增长与季节有关。天气炎热时宝宝胃口较差，睡眠时间短，体重增长要慢一些；而在冬季，宝宝食欲较好，睡眠时间长，体重增长会快一些。

（6）如果宝宝的体重增长不符合正常增长规律，需尽快到医院查找原因。异常原因引起的体重不增，需要就医治疗。

（7）宝宝的体重超过同龄、同性别宝宝体重20%者为肥胖，大多因过量饮食而又缺少活动引起，少数由内分泌和脑部疾病所致。如有异常，应及时就医。

（8）一般情况下，同龄的男孩要比女孩重一些，即使同一性别、同一年龄的宝宝之间也会有差异，但体重只要在正常范围内即可。

◎为婴幼儿测量身高

身高（身长）是宝宝骨骼发育的一个主要指标，它包括头、脊柱和下肢长的总和。身长和体重的增长速度都是年龄越小增长越快。

1.婴幼儿身高的基本标准

0～3岁宝宝身高指标可参照下表。

0～3岁宝宝身高指标

年龄	身高/厘米	
	男	女
1个月	48.2～52.8	47.7～52.0
2个月	52.1～57.0	51.2～55.8
3个月	55.5～60.7	54.4～59.2
4个月	58.5～63.7	57.1～59.5
5个月	61.0～66.4	59.4～64.5
6个月	65.1～70.5	63.3～68.6
8个月	68.3～73.6	66.4～71.8
10个月	71.0～76.3	69.0～74.5
12个月	73.4～78.8	71.5～77.1
15个月	76.6～82.3	74.8～80.7
18个月	79.4～85.4	77.9～84.0
21个月	81.9～88.4	80.6～87.0
2岁	84.3～91.0	83.3～89.8
2.5岁	88.9～95.8	87.9～94.7
3岁	91.1～98.7	90.2～98.1

2.婴幼儿身高增长的一般规律

身高也是反映宝宝生长发育速度的重要指标，通过测量很容易得到数据。宝宝身长

的增长是有规律可循的。

（1）出生第1年长得最快。

（2）出生时平均身长约50厘米。

（3）1～6个月平均每月增长2.5厘米。

（4）7～12个月平均每月增长1.5厘米。

（5）1周岁时比出生时增长了25厘米，大约是出生时的1.5倍。

（6）从出生后第二年开始增长速度减慢，全年仅增长10～12厘米。

（7）2～7岁身长＝年龄×5＋75（厘米）。

3.婴幼儿测量身高的方法

3岁以内宝宝测量的方法有两种。

（1）量板测量法。让宝宝仰卧在量板的底板中线上，头接触头板，面向上。测量者站在宝宝的右侧，用左手按直宝宝的双膝部，使其两下肢伸直、并拢并紧贴量板的底板；右手移动足板，使其紧贴宝宝的足底，读取身长的刻度。

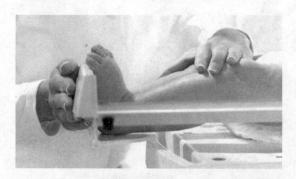

（2）皮尺测量法。在家里如果没有量板，也可让宝宝躺在桌上或木板床上，在桌面或

床沿贴上软尺。在宝宝的头顶和足底分别放上两块硬纸板，测量方法和量板的量法一样，读取头板内侧至足板内侧的长度，即为宝宝的身长。

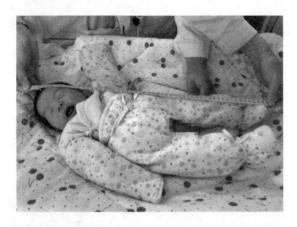

 育儿经

测量身长时需注意足板一定要紧贴宝宝的足底，而不能只量到脚尖处，否则会使测得的身长大于其实际身长。

4.测量提示

（1）宝宝身长的增长也受季节影响。一般来讲，春夏季节增长得较快，秋冬季节增长速度要慢一些。

（2）宝宝的头、躯干、下肢的比例在不同年龄阶段会不一样，年龄越小，头部和上半身的比例越大。随着年龄增长，下半身的增长速度快于上半身。

（3）导致宝宝身材矮小的原因有很多种，如遗传因素、营养不良等，尤其是1～2岁内的宝宝由于营养摄取不足，对身长影响较大。

 相关链接

如何让婴儿更快长高

1.营养均衡供给

身高受人体所摄蛋白质含量的影响，缺微量元素锌、铁及B族维生素易造成儿童偏矮，而缺钙、磷元素及维生素D则阻碍骨骼生长。

2.运动锻炼适量

婴儿时期，人体骨骼、韧带、肌肉、关节等方面的成长发育特别重要，此时也是比较容易受运动影响的时期，所以应该让宝宝适当运动锻炼，健康身心。如果阳光温暖和煦，不妨带宝宝出门，在沐浴阳光的同时，能够助力身体中维生素D的生成，帮助身体吸收钙质。

3.保证充足睡眠

睡眠作为长个的关键因素也该得到重视。人体成长非常奇妙，在睡觉时身体会分泌数量可观的生长激素，因此务必要重视孩子的睡眠，尤其是晚上，要保质保量。

4.营造爱的生长环境

生长环境也会影响宝宝成长，和睦温馨、充满关爱的生长环境不仅助力宝宝的身高增长，也有利于宝宝心智的健康发育。

◎记录婴幼儿生长曲线

生长曲线图非常简便直观，育婴师把宝宝正常的生长规律画在这个曲线图上，把正常范围也标在曲线图上，就可以很快、很直接地在这个曲线图上找到宝宝生长的位置。

以下是正确使用生长曲线图的方法（如下图所示）。

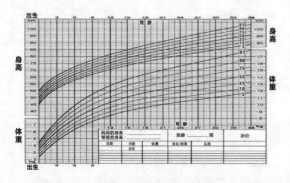

0～3岁男宝宝的生长发育曲线

（1）依性别选用男孩或女孩的身高（身长）曲线图。

（2）在曲线图的横坐标上，找出宝宝实际年龄的位置（绝不可用虚岁），并向上虚拟一条垂直线。

（3）在曲线图的纵坐标上，找出宝宝身高（身长）的位置，并向右虚拟一条水平线。

（4）在垂直线与水平线交叉处，用笔画出一个小圆点。

（5）连接各点即成生长曲线。每一次的

测量结果都可以点在这个曲线图上，把多次测量的结果连成线，就能够观察到宝宝生长的规律。

 相关链接

影响生长曲线弧度的因素

定期测量宝宝的身长和体重并记录，一段时间后，就能够得到一条属于宝宝的独一无二的生长曲线图，用这张图来观察宝宝的生长状况，相对来说最科学、最准确。

不过也有的家长会产生新的疑问，那就是宝宝的生长曲线并不像参考线那样是个完美的弧线，特别是身长的曲线，可能呈阶梯状，不禁又产生新的担心：这种曲线是否说明宝宝生长不正常？其实身长的生长曲线的弧度不"完美"，受到许多方面因素的影响。

1.生长并非匀速

宝宝的身长生长并非特别匀速地增长，而是呈小阶梯状——在一个阶段内相对快些，接下来的阶段里又会慢一点，之后可能会再度加快，这使得身长的生长曲线可能会呈阶梯状。

2.测量值不准确

每次测量时，很可能会出现误差：宝宝在这次测量时比较放松，可能值就相对准确些，而下次测量时如又比较紧张，可能值就会出现偏差，这种误差也会使得身长的生长曲线无法形成平滑的曲线。

3.运动量的增加

随着发育的逐渐完善，宝宝的运动量也在不断增加，当宝宝的运动能力出现飞跃时，运动量就会突然频繁增加，那么在这一阶段内，体重增长可能就会相对缓慢，但是长个儿又会比平时快些。

因此，宝宝的生长曲线需要持续观察，如果只是在一个范围内波动，而整体趋势是在增长的，那么就属于正常，无需干预。

另外就是要综合观察——体重和身长都需要考虑，比如宝宝的体重增长暂时放缓，但是身长增长很快，那么可能是某个时期运动量增大所引发的正常变化；而如果宝宝的体重和身长增长同时减缓，才说明可能是营养吸收出现了问题，需要积极查找原因应对。

第 6 章

婴幼儿
预防接种

◎ 按时让婴幼儿接受预防接种

预防接种就是把预防某种传染病所用的生物制品通过注射或经口的方法，接种到人体，刺激人体的免疫系统，使人体产生抵抗某种传染病的抗体，即对抗相应的细菌或病毒的抵抗力，从而不得这种疾病。预防接种是预防宝宝传染病的有效方法。

1.婴幼儿接受预防接种的程序

计划免疫是指按年龄有计划地进行各种预防接种。计划免疫包括两个程序：一个是全程足量的基础免疫，即在1周岁内完成的初次接种；二是以后的加强免疫，即根据疫苗的免疫持久性及人群的免疫水平和疾病流行情况适时复种，巩固免疫效果，达到预防疾病的目的。

我国儿童基础免疫程序见下表。

我国儿童基础免疫程序

年龄	接种疫苗	可预防的传染病
出生24小时内	乙型肝炎疫苗（1）	乙型病毒性肝炎
	卡介苗	结核病
1月龄	乙型肝炎疫苗（2）	乙型病毒性肝炎
2月龄	脊髓灰质炎糖丸（1）	脊髓灰质炎
3月龄	脊髓灰质炎糖丸（2）	脊髓灰质炎
	百白破疫苗（1）	百日咳、白喉、破伤风
4月龄	脊髓灰质炎糖丸（3）	脊髓灰质炎
	百白破疫苗（2）	百日咳、白喉、破伤风

续表

年龄	接种疫苗	可预防的传染病
5月龄	百白破疫苗（3）	百日咳、白喉、破伤风
6月龄	乙型肝炎疫苗（3）	乙型病毒性肝炎
8月龄	麻疹疫苗	麻疹
1.5~2岁	百白破疫苗（加强）	百日咳、白喉、破伤风
	脊髓灰质炎糖丸（部分）	脊髓灰质炎
4岁	脊髓灰质炎疫苗（加强）	脊髓灰质炎
7岁	麻疹疫苗（加强）	麻疹
	白破二联疫苗（加强）	白喉、破伤风
12岁	卡介苗（加强，农村）	结核病

注：1.括号中的数字是表示接种针（剂）次。
2.脊髓灰质炎即为小儿麻痹。

2.婴幼儿接种前的准备工作

在为宝宝进行预防接种前，要做好以下准备工作。

（1）查阅宝宝免疫预防手册。宝宝出生后，医院都会给一本婴幼儿免疫预防手册，上面有每次接种疫苗的时间和名称。对接种时间和名称要记住，要经常查阅，到了宝宝接种的时候要及时去接种。

如果因为粗心错过了规定的接种时间，或者宝宝有特殊情况不能按时注射，一定要向医生说明情况，然后再定其他时间注射。

（2）确定接种疫苗的机构。宝宝的第一针乙肝疫苗通常是在其出生的医院注射的，所以，第一针无须操心。接下来，要叮嘱雇主确定好宝宝日后的疫苗接种的机构和地点。

（3）电话预约。在给宝宝办理预防接种事宜前，可事先致电医院诊所或卫生所，约好预防接种的时间，免得白跑一趟。

（4）带齐证件。在第一次办理预防接种前，要准备的证件包括户口簿、宝宝的出生证明、父母的身份证，有的地方还需要宝宝的健康手册等。

（5）详知宝宝的健康状况。不是任何情况下，宝宝都可以接种疫苗的。育婴师应了解哪些情况不宜接种。向医生说清宝宝的健康情况，如有无感冒、发烧、咳嗽、腹泻等，以便医生判断有无接种的禁忌证。

 相关链接

几种不适合婴幼儿接种的情况

1.感冒

接种当天体温比正常体温高2～3℃，虽然有点咳嗽、流鼻涕等，但是宝宝状态很好。遇到这种情形时要如实地告诉医生现状，请医生判断要不要接种。

2.过敏

如宝宝有过敏症状，最好个别接种。

3.慢性疾病

宝宝患有心脏疾病、神经疾病、过敏疾病，比较容易出现副作用，所以要避免集体接种，可与医生商量之后，进行个别接种。

4.急性疾病

若宝宝患有急性疾病，应等完全治好1

个月后再咨询医生接受预防接种。宝宝腹泻时要停止接种小儿麻痹疫苗。

5.抽搐、惊厥

1年以内曾经有过此类症状的宝宝，在原因不明前，同年不要接受预防接种。原因清楚之后，接种时也要和医生商量，要有慎重的对策，个别接种。

6.出现湿疹

避免种痘及BCG（卡介苗）。湿疹处如果附着种痘的病毒或BCG菌，会形成严重的皮肤病。

7.患过疾病

患过麻疹、水痘、腮腺炎的宝宝要停止接种活菌疫苗。

8.特殊婴幼儿

未成熟儿、难产的宝宝，如发育迟缓、身体虚弱，应与医生商讨之后决定是否延期接种。

（6）其他准备。在接种疫苗前，要给宝宝洗一个温水澡，换上干净的衣服或内衣。

如果是服用糖丸，则需要自备凉开水和小勺子，这样可以避免交叉感染。

疫苗接种

◎ 常用疫苗接种后的观察

在宝宝接种疫苗后，育婴师要仔细观察，注意宝宝的各种反应，以便正确应对。

1. 留院观察30分钟再离开

一般来说，疫苗中含有蛋白或其他成分，宝宝很容易出现对某些成分的过敏现象，并且大部分会在30分钟左右显现出来。在留观期间出现过敏情况，宝宝得到及时的救治，会在很大程度上避免或减轻严重后果。之后即使出现过敏问题，也大都是迟发性的，反应不会那么剧烈，急救的时间相对充裕。

30分钟后方可离开！

所以，最安全的做法是，每次打完疫苗，都留院观察30分钟，没有异常再离开。而如果出现过疫苗过敏的情况，同样的疫苗就不能再接种了，是否接种其他疫苗，也要由医生经过权衡来定夺。

2. 局部反应

一般在接种后24小时左右，接种部位可能出现红、肿、热、痛等现象，反应较重的可引起附近的淋巴结发炎。

注射部位肿大的硬结又有轻、中、重之分。轻的直径小于2.5厘米，中的直径为2.5～5厘米，直径超过5厘米为重度反应，这种反应可持续数小时或数天。

3. 全身反应

首先表现为发烧，轻度为37～37.5℃，中度为37.6～38.5℃，39℃以上为重度。此外，部分宝宝可能伴有头痛、头晕、全身无力、寒战、恶心、呕吐、腹痛、腹泻等症状，这些反应多在24小时之内消退，很少持续3天以上。

如果重度发烧可咨询医生服用退烧药。一般体温恢复正常后，其他症状也会自行消退。

4. 不良反应的预防及处理方法

（1）打针后两三天内要避免宝宝剧烈活动，对宝宝细心照料，注意观察。多喂些开水，不吃有刺激性的食物。

（2）如宝宝有轻微发热、精神不振、不想吃东西、哭闹等症状，一般1～2天会好。如反应加重，应立即请医生诊治。

（3）当宝宝反应强烈或出现异常反应（如注射局部反应加重，发生感染、化脓现象；高烧持续不退；皮疹有增无减；精神萎靡不振，甚至出现惊厥）时，应立即到医院诊治。

◎ 常用疫苗接种后的处理方法

1.卡介苗

注射部位可以照常沐浴。如果有脓包或溃烂，不必擦药或包扎，但是注意不要弄破。如果不小心弄破了，须擦干并且保持干燥。腋下淋巴结肿大，如果直径超过1厘米，应到医院检查。

2.乙型肝炎疫苗

宝宝接种乙型肝炎疫苗后，如轻微发烧，按照一般发烧处理即可。

3.三合一疫苗

这是反应最激烈而且出现不良反应频率最高的疫苗。宝宝接种后，可以轻揉接种部位。如果接种部位有些红肿，可先用热毛巾热敷，多喂开水；如果宝宝发烧，体温超过38.5℃，可先服用医生开给宝宝的退烧药，但如果超过39.5℃，则要送医院治疗。

4.经口小儿麻痹疫苗

服用小儿麻痹疫苗，前后半小时内不要进食，以增加疫苗在体内繁殖效果。如果有神经方面的症状，如四肢麻痹无力、痉挛等，应速送医院治疗。

5.麻疹、腮腺炎、德国麻疹混合疫苗

注射后应多喂开水，少出入公共场所，避免感冒。如果宝宝在注射后1~2天就发烧，应立刻就医诊治。

6.日本脑炎疫苗

多喂开水，避免感冒即可。另外，如果宝宝出现神志不清、四肢麻痹、哭闹不安、痉挛、休克等症状，应立即送往医院治疗。

第二部分

婴幼儿教育

第 **7** 章

婴幼儿动作技能训练

◎抬头训练

抬头运动,是宝宝动作训练里重要的一课,可适时适度进行。因为抬头训练不但可以锻炼颈、背部肌肉,还会促使宝宝早一点将头抬起来,扩大宝宝的视野范围。具体有以下方法。

1.竖抱抬头

给宝宝喂完奶后,可以将他竖抱起来,使他的头部靠在你的肩上,之后再轻轻让宝宝的头部自然立直片刻,以训练宝宝颈部肌力的发展。不过,做这个动作之前,最好能轻轻地拍几下宝宝的背部,帮助他打嗝,防止刚吃饱而溢乳。

每天训练4～5次,便可以促进宝宝早日抬头。

2.俯卧抬头

选在给宝宝两次喂奶之间,每天让小儿俯卧一会儿,要注意床面尽量硬一些,可以用玩具在一边逗引他抬头。

训练时间,可以根据宝宝的能力灵活安排。开始时,只练10～30秒钟,逐渐延长时间,但也不宜超过2分钟。不要让宝宝感到疲劳,每天2～3次即可。以后可根据宝宝的实际情况逐步增加训练次数。

3.坐位竖头

这个方法可以等宝宝满月之后进行,先将宝宝抱起来,使他坐在自己的一只前臂上,让他的头部与背部贴在自己的前胸,然后再用另一只手抱住宝宝的胸部,使宝宝面向前方广阔的空间,使他观看更多新奇的东西。

这个训练方法不但能使宝宝主动练习竖头能力,还可以激发宝宝观看事物的兴趣。

 相关链接

学抬头的必要性

脊柱是人体的主梁,上呈头部,下接骨盆,从侧面看这根主梁是呈S形的,具有一定的生理性弯曲,具有了这些生理性弯曲,孩子在做走、跑、跳等动作的时候,更具有弹性,更具有保护性。但是这些弯曲并不是与生俱来的,而是随着宝宝动作的发展逐步形成的。

一般当孩子3个月能抬头的时候,就形成了第一个弯曲——颈曲。6～7个月能独坐的时候,就形成了第二个弯曲——胸曲。1岁左右能跑能走的时候,就形成了第三个弯曲——腰曲。

这些弯曲还未固定,仰卧时还可能消失。因此,可以适当让宝宝趴着玩儿,让颈曲得以发育成型。

◎ **翻身训练**

翻身，是宝宝学习移动身体的第一步，代表着宝宝的骨骼、神经、肌肉发育得更加成熟。宝宝学会翻身后，才能进一步学会坐、学会爬、学会站立、学会走路……而这一连串的成长和学习，也会影响宝宝日后动作发展的顺畅度和学习动作的自信心。

育婴师在训练宝宝翻身时，可按以下步骤进行。

（1）先将宝宝仰面放在床上，育婴师从后轻轻握着他的两条小腿，把右腿放在左腿上面，使宝宝的腰自然扭过去，肩也会转一周，多次练习后宝宝便能学会翻身。

（2）让宝宝侧身躺在床上，育婴师在身后叫他的名字，同时还可用带声响的玩具逗引，促使宝宝闻声找寻，不由自主地顺势将身体转成仰卧姿势。

（3）等到这一动作练熟后，再将宝宝喜爱的玩具放在他身边，并不断逗引宝宝抓碰。

这样，宝宝可能会在抓玩具时顺势又翻回侧卧姿势。如果宝宝做得有点费劲，育婴师可以轻轻帮他翻身。

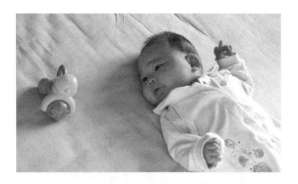

（4）当宝宝能练熟从仰卧位翻成侧卧位后，育婴师可在宝宝从仰卧翻成侧卧抓玩具时，有意识地把玩具放得距离稍远一些（还应在宝宝的控制范围内），使宝宝有可能顺势翻成俯卧。

 育儿经

应让宝宝在愉快中进行训练，且开始训练时，练习时间和次数不要太长，要逐渐增加。

◎ 坐立训练

6～8个月的宝宝，其脊部、背部、腰部已渐渐强壮，所以从翻身到坐起是连贯动作的自然发展。通常宝宝会先靠着呈现半躺坐的姿势，接下来身体会微微向前倾，并以双手在两侧进行辅助支撑。但是如果他倾倒了，就无法自己恢复坐姿，一直要到8个月大时才能无须任何扶助自己坐直。

1.训练方法

（1）一般来说，宝宝4个月左右时，育婴师就可用手支撑其腰背部，让他维持短暂的坐姿，5～10秒为宜，时间不能长。

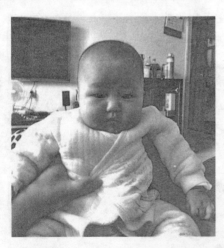

（2）到了6个月开始学习坐立时，育婴师可在宝宝面前摆放一些玩具，引导他去抓握，前倾力量可以渐渐锻炼宝宝的坐立能力。练习时，先让宝宝仰卧在床，再双手轻柔拉着他的双手慢慢起来。

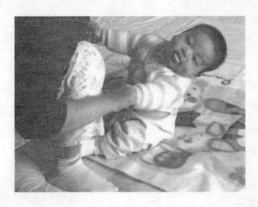

2.安全提醒

（1）宝宝学坐时，不要让他坐得太久，每次练习3～5分钟。宝宝的脊椎骨尚未发育完全，如果长时间坐着，对脊柱的发育不利。

（2）宝宝坐着时，不要让他跪坐，如两腿形成W形或将两腿压在屁股下，容易影响其腿部发育。最好的姿势是采用双腿向前盘坐。

（3）不可让宝宝单独坐在床上。如果将宝宝置于床上，床面最好有与其身体呈垂直角度的靠垫围在侧面和后面，以防外力或宝宝动作过大而摔下床。

（4）育婴师可将宝宝坐的空间用护栏围起来，在里面放些玩具吸引宝宝的注意力，让他有坐起来玩的兴趣。

（5）每次练习完，都要用手轻轻地抚摸宝宝背部，放松他的背部肌肉，同时让他感觉到大人的爱抚。

◎ 爬行训练

8～9个月的宝宝已进入爬行阶段。学习爬行的初期，宝宝几乎都是以同手同脚的移动方式进行，之后会以手肘撑着身体，腹部贴在地面匍匐前进，爬行速度十分缓慢。9个月大时，其身体才能慢慢离开地面，采用两手前后交替的方式，顺利往前爬行。育婴师可以采用以下方法对宝宝进行爬行训练。

1.训练方法

（1）用小席子。把家里的小席子卷成圆筒状（席子有弹性，方便展开），让宝宝趴在席子上，将席子的一边压在他的身下。育婴师推动席子，让宝宝随着席子的展开而朝前爬。育婴师可一边推动席子，一边和宝宝交流，让他明白你推动席子的目的。

（2）家长帮忙。让宝宝趴在地上或床上。一个人在他的前面，一个人在他的后面。前面的人牵宝宝的右手，后面的人推宝宝的左脚，可相反进行。

要在宝宝愿意的状态下进行，不要强行用力牵扯宝宝。

（3）诱导法。把宝宝放在地板上，利用色彩鲜艳的玩具或宝宝喜欢的有趣的东西诱导他向前爬行。当宝宝努力爬到"终点"时，别忘了给予适时的鼓励。

2.安全提醒

（1）爬行最容易发生的意外是头部的外伤，当宝宝撞到头时，不管当时有无出现不舒服的情形，育婴师都要仔细观察宝宝。如果宝宝的睡眠时间太长，中间要叫醒他，查看是否有异状。如果宝宝3天内出现严重的呕吐、昏睡、抽搐等症状就要立即送医院。

（2）为了让宝宝爬得好，一定要将爬行环境准备完善。爬行的地方必须软硬适中，摩擦力不可过大或过小，可在地板上铺上软垫，为宝宝营造一个安全的爬行环境；当宝宝爬行时，要注意桌角、柜子角等尖锐家具；宝宝可能会爬到插座附近，应使用电插座防护盖。

◎ 走路训练

10个月左右的宝宝，已经学会独坐和爬行，并且这时候的宝宝已经有了想要行走的欲望，这个时期就可以开始训练宝宝走路了。育婴师可以按以下5个阶段对宝宝进行训练。

1.学习独站

在宝宝学走路前，育婴师首先要教会宝宝站立。你可以先扶着宝宝慢慢地开始练习站立，锻炼宝宝的腿部肌肉力量。

在这个阶段育婴师可以每天鼓励宝宝扶着你的手、腿，或者是床的栏杆学习站立。要注意让宝宝练习的时间，不宜过久。宝宝站立和行走的训练都是同样不可操之过急的，要按部就班，一步一步地学习。

2.学习蹲站

当发现宝宝可以很好地独自站立时，就可以有意识地训练宝宝蹲站的能力了。此时，要注重训练宝宝"蹲—站—蹲"的连贯性，来增加宝宝腿部和身体的协调性。

这个阶段，育婴师可以将宝宝的玩具小心地扔在地板上，然后慢慢地引导宝宝蹲下来捡。

3.学习扶走

在训练宝宝开始学习扶走的时候，育婴师可以让宝宝在特定的环境里扶着床沿、墙面或者是沙发慢慢地移步，这样可以训练宝宝的平衡能力。

在这个阶段，育婴师可以在沙发、床沿或者是墙面的另外一头，拿着宝宝喜欢的玩具吸引他，鼓励宝宝扶着床沿、沙发或者墙面走过来。

4.学习迈步

在这个阶段育婴师的双手可以分别握住宝宝的两只手，让宝宝背对着自己，然后一边一步步向前，一边鼓励宝宝引导宝宝迈步。

在学习迈步一开始，育婴师可以让小宝宝的脚踩在你的脚上，慢慢地拖住宝宝前行，让宝宝可以感受到迈步的感觉。

5.自己迈步前进

宝宝已经可以慢慢地熟练迈步的时候，育婴师就可以站在宝宝的前方，手里拿着宝宝喜欢的玩具或者是拍打着双手，然后让宝宝过来找育婴师，引导宝宝慢慢地走过来。

也可以选择让宝宝推着椅子，或者是其他安全的训练工具来训练宝宝迈步行走。注意椅子不能有轮子，以免速度太快导致宝宝摔跤。当宝宝不需要支撑物了再去掉椅子训练。

在训练的时候不要离宝宝距离太远，距离可以通过宝宝自己迈步的熟练度来设定。

◎ 跑步训练

1岁半左右的宝宝，当他行走加快时，就可以开始学跑了。开始时他还跑不稳，不会自动停下来，2岁时，他就可以连续平衡地跑5～6米了。育婴师在让宝宝学跑时，可以分成以下3个小步骤来训练。

1.牵手跑

和宝宝面对面，牵着他的两只手向后慢慢退着跑；然后只牵着他的一只手退着跑；最后从侧面牵着他的一只手，用一只皮球向前滚，一起追皮球。

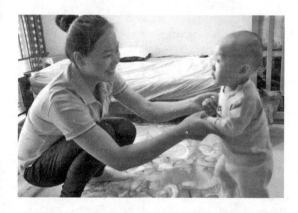

育儿经

练跑时不要用力握宝宝的手，而应尽量让他自己掌握平衡，以防用力不均使宝宝前臂关节脱白。

2.放手跑

宝宝向前跑时，育婴师要在他前方半米远的地方退着慢跑，以防宝宝头重脚轻前倾要摔倒时好及时扶住他。

3.自动停稳跑

宝宝跑时能自动放慢脚步平稳地停下来，才算学会了跑。育婴师可以在宝宝跑时喊口令"一、二、三、停"，使他学会渐渐将身体伸直、步子放慢而平稳地停下来。

 相关链接

跑步训练的安全注意事项

（1）宝宝起初尝试跑时不要因为怕摔倒而制止他，应该多给予鼓励。

（2）要为宝宝穿上舒适且合脚的鞋，外出让宝宝独自走或跑时，应尽量选择相对柔软的场地。

（3）不要以为平坦的地方对宝宝来说就是最好的选择，其实有一些自然坡度和不十分平坦的小草坡更是增强宝宝奔跑运动能力的好环境。

（4）宝宝练习跑时，要注意环境的防滑，周围要无尖锐物。

（5）冬天在户外活动时，要为宝宝穿大小合适的外衣，以免影响宝宝运动。

（6）可以利用风车或拖拉玩具等来增强宝宝跑的趣味性。

◎ 跳跃训练

跳跃可以说是宝宝成长过程中必不可少的一个重要内容，对宝宝的好处很多。跳跃动作的训练有助于其多方面的发展。

比如，跳跃会使宝宝的性格变得更活泼，更喜欢表现自己，不怕生，并且在学习舞蹈等时，他会学得很快，也更协调。

1.跳跃的正确姿势

当宝宝练习跳跃时，一定要让他有一个正确的姿势。首先，两脚稍稍分开，呈半蹲状，小屁股微翘，攥紧小拳头，然后开始起跳。宝宝的小脚一定要分开，并且要半蹲，小屁股一定要做标准，否则，在跳跃时，容易扭伤腿。

2.训练方法

（1）当宝宝长到1岁半后，就会自然行走了，训练宝宝进行跳跃运动的方法是：拿一个厚度为10～20厘米的垫子，放在床上或地板上，引导他站在垫子上往上跳。

（2）2岁后的宝宝运动能力明显增强，育婴师可引导他学动物跳，如兔跳、猫跳等。育婴师先双脚跳动作示范，引导宝宝模仿；或育婴师拉着宝宝的手，让他借力向上跳。

 育儿经

训练时，育婴师要全程陪同，以免发生意外。

3.安全提醒

（1）3岁以前的宝宝，由于其骨骼的钙磷比例和成人不一样，骨骼的硬度也不一样，所以任何跳跃动作都不适宜长时间做，以免压迫宝宝的骨骼，造成骨骼变形。

（2）不鼓励宝宝做危险的跳跃动作，如从很高的地方往下跳，防止没有成人保护的时候宝宝自己盲目尝试。

（3）增强宝宝的安全意识。

◎ 设计大动作训练游戏

人的身体适应过程和社会适应过程是从初生儿到社会人的最重要内容，是生存和发展的基础。通过抚摸、拥抱和一起做运动做游戏，可以帮助宝宝建立安全感和自信心，学会与人交流及与社会合作的技巧。

1.婴幼儿大动作发展的特点

0～1岁时宝宝以移动运动为主，包括躺、爬、站等。

1～2岁时宝宝由移动活动向基本运动技能过渡，包括爬（障碍爬）、走、滚、踢、扔、接等。

2～3岁时宝宝以发展基本运动技能为主，向各种动作均衡发展，包括走（向不同方向走、曲线走、侧身走或倒着走）、跑（追逐跑、障碍跑）、跳（原地跳、向前跳）、投掷运动器具、荡秋千、蹬童车等。

2.婴幼儿大动作发展的规律

（1）最初的动作是全身性的、笼统的、散漫的，以后逐渐分化为局部的、准确的、专门化的。

（2）从身体上部动作到下部动作：宝宝最早的动作发生在头部，其次在躯干，最后是下肢。

（3）沿着抬头→翻身→坐→爬→站→行走的方向发展。

（4）从大肌肉动作到小肌肉动作。最初是上肢的挥动，下肢的踢蹬，然后才是手的小肌肉动作能力的发展。

3.根据婴幼儿情绪选择游戏的种类

游戏训练的目的是让宝宝在参与游戏的过程中体验愉快和欢乐，培养兴趣，掌握技能，增长知识。

宝宝在不同的情绪状态下，会对不同类型的游戏和运动项目表现出不同的兴趣。

（1）在睡眠较好、吃得较好和情绪比较饱满的状态下，适宜选择比较激烈的、活动量较大的游戏，如翻滚游戏或捉迷藏等跑跳游戏，这种游戏能够引起宝宝大脑的兴奋，促使脑干神经活跃起来。

（2）如果在宝宝感觉困倦、身体不适或情绪不佳的状态下做这种游戏，只能使宝宝感到害怕、紧张和厌烦，此时最好选择一些安静而平和的游戏，如与宝宝一起说歌谣、讲故事、做拍手游戏，可使宝宝感到平静和舒适。

4.控制婴幼儿参与游戏训练的速度

宝宝动作发展有一个循序渐进的过程，开始时反映要比成人迟缓一些。在游戏训练中，育婴师应该配合宝宝动作发展的步调来进行。

比如，进行爬行游戏训练时，拿一个色彩鲜艳的玩具放到宝宝前面，让他来取，不要还没等他费尽力气伸手来拿时，就把玩具塞到他手里。这样一方面达不到训练的效果，同时也忽视了宝宝受训练过程中的主动性。应给宝宝留出充分的时间，尽量鼓励他完成这个动作，自己伸手拿到玩具，通过自己的努力来完成想要做的事。当宝宝拿到玩具后，育婴师要及时给予表扬，让宝宝获得满足感。

游戏与动作技能的形成有直接关系，在开始阶段，速度训练不是游戏的目的。通过游戏训练和摆弄玩具来认识物体的性质，发展宝宝的注意力和感知觉、认知能力和与人交往的能力才是最重要的。

因此，在游戏训练中，要尽量使用适合宝宝动作的操作速度，把动作发展训练转化为宝宝的自身能力。

5.选择游戏要有利于促进个性发展

宝宝参与游戏训练的需求和程度与性格、兴趣有一定关系。有的宝宝喜欢参与相对剧烈的运动项目，如翻滚、跳跃或摇晃的运动游戏；有的宝宝喜欢平和、安静的运动项目。可以通过细心观察，发现宝宝对各种运动项目的反应，尽量做到因人而异，选择适宜宝宝性格的游戏进行训练，满足个人需求，促进个性发展。

（1）如果是天生好动的性格，就要经常带他到比较开阔的地方，让他跑、跳。

（2）如果是比较内向、喜欢安静的性格，就可以和他一起，做搭积木、拍球之类的游戏。

6.为婴幼儿提供运动空间

为满足宝宝各种动作综合发展的要求，

在有条件的情况下，育婴师可建议雇主在家里建立一个专门的"运动空间"。

具体方法如下。

（1）给婴儿床围上坚固的栏杆，高度超过70厘米，床的外面不要摆放家具，床内不要放过大的玩具，以免宝宝爬上玩具翻过栏杆，坠落地面。

（2）居住面积较大的，可以单独开辟一个房间作为"运动空间"，让宝宝自由地在屋内翻、滚、爬。

育儿经

注意房间内不要放热水瓶、茶具、花盆等物品，电源插座要装插座安全塞或放在宝宝摸不到的地方。

（3）如果居住条件有限，可利用家具围出一块"运动空间"，如用墙角、床边、沙发、椅子围出一块活动场地，地面铺上爬行垫、地毯或席子，任宝宝做翻滚、爬行训练。

7.利用运动玩具促进运动发展

根据给宝宝设计的游戏类型选择适宜的玩具，有助于宝宝综合能力的训练。

2岁左右的宝宝可选择滑梯、转椅、摇船和攀登架、秋千、蹦蹦床、三轮车、滑板车、电瓶车等大型运动性玩具。这些玩具不仅锻炼了骨骼和肌肉，促进了身体部分器官及其机能的发展，还发展了身体的平衡能力和灵活性，促进了大脑的发育。

比如，攀登架可锻炼宝宝左右足交替攀登的能力，使上下肌肉发达、灵巧，同时还培养了自信、向上、勇敢的个性；玩滑板车可以锻炼宝宝的平衡能力和协调能力，有利于下肢及腰部肌肉的锻炼；骑三轮车，能够锻炼宝宝腿部的力量和手眼的协调能力。

◎ 选择合适的大动作训练游戏

宝宝在不同的年龄阶段有不同的肢体动作发展要求，应根据年龄特点来选择适宜的运动游戏进行训练。

1.原始反射支配时期

0～6个月的宝宝应选择与仰卧、侧卧、俯卧、翻身、蠕动、抱坐、扶坐等动作发展有关的游戏进行训练。

游戏名称：翻身游戏。

适合年龄：4～6个月。

每次时间：1～2分钟。

每天次数：根据宝宝适应情况逐步增加。

注意事项：喝完奶半小时以后再开始训练。

训练方法如下。

（1）拉手翻身。宝宝仰卧时，拉起其一只手，带动其身躯翻转过来变成俯卧，也可以由俯卧再拉手变成仰卧。

（2）被单翻身。将宝宝放在被单上，育

婴师抓住被单的两个角，轮流拉高或放低，让宝宝在被单里滚来滚去，体验翻身的要领。

（3）翻身过物。待宝宝能够随心所欲地翻动身体时，在床上摆放一些障碍物，如枕头、棉被等，让宝宝从上面翻过去。

2.步行前时期

7～12个月的宝宝应选择与坐、爬行、扶站、姿势转换、扶走等动作发展有关的游戏进行训练。

游戏名称：爬行游戏。

适合年龄：6～12个月。

每天次数：根据宝宝适应情况逐步增加。

注意事项：方法灵活、不要强迫。

训练方法如下。

（1）双侧交互爬行。爬的时候是右手前进，左脚跟进，然后左手前进，右脚跟进，如同四足动物行进的姿势。

（2）上下斜坡爬行。在有上下斜坡的地方爬行，每爬一步，身体就会感受到一次地

心引力的变化，这种爬行过程可使前庭平衡系统得到充分的训练。

（3）爬跪站坐训练。在爬行时，让宝宝停下来改做其他动作，然后再继续爬行，如把跪立、攀物站起、坐下俯卧等动作与爬行组合在一起，使宝宝能够在爬行过程中不断变换动作，刺激大脑细胞的活动，培养其平衡能力。

3.步行时期

1岁至1岁半的宝宝应选择与站立、独立走、攀登、掌握平衡等动作发展有关的游戏进行训练。

游戏名称：走的游戏。

适合年龄：10 ～ 36个月。

训练方法如下。

（1）推玩具车。选择玩具车、手推车、学步车等，可以让宝宝用两手扶着在地上推着走，借助车的力量学会如何迈步。须注意玩具车不易翻倒，以免对宝宝造成伤害。

（2）跪着走。让宝宝跪在床上用膝盖走路，有助于训练他的平衡机能。

（3）跨越障碍物。在地上摆一些高约20厘米的障碍物，鼓励宝宝跨过去，可以训练宝宝单脚站立的能力。

4.基本运动技能时期

1岁半至3岁的宝宝应选择与稳步行走、跑步、攀登楼梯、跳跃、单脚站立、翻滚、走平衡木、抛物、接物、旋转等动作发展有关的游戏进行训练。

游戏名称：球的游戏。

适合年龄：1 ～ 3岁。

训练方法：围绕丢、抛、踢、拍、投等基本动作，变换有趣味性的方式进行训练。

（1）抛（丢）球。让宝宝抓着球，反复把球抛（丢）到墙上和地上指定的地方，可以帮助训练宝宝的肌肉和关节。

（2）踢球。把球放在地上，让宝宝用脚踢着球走，或对着积木、易拉罐等目标练习踢球。

（3）拍球。把球扔在地上，引导宝宝用手去拍1 ～ 3次。

（4）投球。用一只手或双手做向前、向上、向下的投球动作。

◎ 精细动作技能训练

精细动作主要是训练宝宝的手眼协调能力和手的灵活性，如抓放、手指对捏、穿等动作，为宝宝今后使用筷子和书写打下基础，同时还能培养宝宝的生活自理能力。

1."塞"的动作

（1）1岁左右可以练习塞核桃（9个月至1岁）。

教具：1个带洞的小桶、1个小碗、10个核桃或10个小球、1个塑料筐。

要求：育婴师先做示范，将碗里的小球拿出来，塞到带洞的小桶里，示范动作要做得慢、夸张，以利于宝宝模仿。

宝宝把核桃都放进去以后，育婴师再倒出来，让宝宝再来1次。

 育儿经

可通过改变洞穴和物品的大小去满足不同月龄宝宝的心智需求。

（2）1岁3个月左右可以练习塞木株。

教具：1个小瓶（大小以宝宝可双手握着为宜）、1个小碗、木株。

要求：宝宝用两根手指把小碗里的木株塞进小瓶里。

育婴师只是协助者，不要打断宝宝的专注力，宝宝可以从游戏中找到一定的规律。

育婴师要注意宝宝的安全，不要让孩子把木株放进嘴里。

（3）1岁3个月至2岁可以练习塞小木棍。

教具：小木棍筒、小木棍（把两头剪平）。

要求：育婴师先做示范，一手扶住小木棍筒，一手将小木棍塞到孔里去，示范动作要慢，使宝宝能看懂，然后指导宝宝去做。

2."舀"的动作

（1）1岁至1岁3个月的宝宝可以开始练习舀木株。

教具：小碗2个、木株、托盘、勺子。

要求：提醒宝宝及时将掉了的木株捡起来，不要把木株塞进鼻孔和耳朵里。

 育儿经

育婴师的演示动作要夸张，同时要特别注意宝宝玩小物品时的安全！

（2）2岁左右可以练习分类舀。

教具：大碗、铃铛（两种颜色）、小碗2个、勺子1把。

要求：让宝宝自己把铃铛倒回大碗里，重复练习这个动作。

（3）2岁半后宝宝可以练习等分。

教具：1个大碗、2个小碗（贴上限量贴图）。

要求：示范动作要慢，让宝宝明白两个小碗装的量不要超过上限量。

（4）天气热的时候，可以让宝宝练习从水里舀小球。

教具：小球、盛好水的盆子、1个碗、1个勺子。

要求：宝宝玩水的时候一定要一直有人在旁边照看，无人看管哪怕只有一会儿都是不可以的。

3.“倒”的动作

让宝宝手眼协调，锻炼手的灵活性，培养孩子的独立性、记忆力和专注力。

（1）1岁4至5个月的宝宝可以练习倒木珠。

教具：托盘1

个、杯子2个、木珠。

要求：宝宝倒不准时，不要责怪他，要鼓励他反复练习。

（2）2岁以后的宝宝可以练习倒水。

教具：托盘1个、杯子3个（其中两个画了圆圈）。

要求：要告诉宝宝怎样把水从盆里舀出来，再分别等量倒到另外两个画了圆圈的杯子里去，练习时要耐心地为宝宝讲解，让宝宝明白等量的含义。练习的频率为每周2～3次，每次5～10分钟。

4.“夹”的动作

1岁8至9个月的宝宝，可以让他练习将夹子夹在指定的位置上。

教具：夹子（水果图案类夹）、小筐、卡片纸（画有水果类图案）。

要求：在练习过程中，要注意自己的引导方式，让宝宝明白“一一对应”的方式。

5. "切"的动作

（1）切面包。1岁10个月的宝宝，我们可以用木制的玩具让他练习切的动作。

教具：面包、苹果、鸡蛋、儿童玩具刀、木板。

要求：须耐心示范，要注意宝宝握儿童玩具刀姿势，避免儿童玩具刀伤到宝宝。

（2）切西瓜。2岁2个月以上的宝宝，可以让他练习帮助妈妈切西瓜和香蕉。

教具：西瓜（画上线条）、儿童玩具刀、盘子、碗。

要求：育婴师要注意宝宝的安全，不要让他切着自己的小手，也不要让他拿儿童玩具刀对着别人和自己。

6. "拧"的动作

（1）拧瓶盖。1岁半以上的宝宝，我们可利用家里的小瓶子让他练习拧的动作。

教具：有盖的瓶子若干个。

要求：瓶子一定是空的。

（2）拧螺丝。2岁以上的宝宝可以练习拧彩色螺丝，在拧的同时认识颜色。

教具：各形各色的螺丝。

要求：育婴师一定要陪伴在宝宝旁边，注意不要让宝宝吞吃螺丝。

7. "剥"的动作

（1）剥开心果。2岁以上宝宝，可以让他练习剥开心果，同时体会劳动的愉快。

教具：开心果、托盘（大、小各1个）、碗（大、小各1个）。

要求：须耐心示范，所选碗应是塑料的。

（2）剥花生。2岁3个月以上的宝宝，先让他练习剥开口的花生，逐渐过渡到剥不开口的花生。

教具：花生、盘子、碗3个、托盘1个。

要求：练习时间不宜过长，每周3次，每次10～15分钟，注意宝宝的安全。

8. "搭"的动作

（1）搭高。训练宝宝的手眼协调能力和意志力，适合11～14个月的宝宝。

（2）搭火车。15个月以上的宝宝可练习用积木搭火车，培养其协调性和想象力。

（3）搭山洞。2岁以上的宝宝可练习

用积木搭山洞，培养其空间感知力，每次5～10分钟，每周2～3次。

9."按"的动作

（1）按开关。2岁以上的宝宝，练习按开关，培养其手的灵活性。

（2）按纽扣。宝宝学会按开关之后，可学习按纽扣，培养他的生活自理能力。

10."嵌"的动作

（1）带抓手的嵌板。13～18个月的宝宝可以练习图形单一、数量小、带抓手的嵌板。

练习一段时间后的宝宝可以练习图形较复杂、数量较少、带抓手的嵌板。

19～24个月的宝宝可以练习图形复杂、数量较多、带抓手的嵌板。

（2）不带抓手的嵌板。2岁以上的宝宝，可以练习各种图形、没有抓手的嵌板。

教具：图形板（正方形、三角形）。

要求：每周2～3次，每次练习时间不宜过长，每次5～10分钟为宜。

11."贴"的动作

教具：即时贴（动物贴）图案。

1岁8个月以上的宝宝可以开始练习贴各种图案。

2岁以上的宝宝可以练习用胶水贴简单的图形。

12."卷"的动作

1岁半以后宝宝到了卷的敏感期。

（1）卷凉席。20～30个月的宝宝，可以练习卷凉席，培养他精细动作和大动作能力。

（2）卷毛巾。23～26个月的宝宝，可以练习卷软的毛巾，培养他手腕的灵活性。

（3）卷彩纸。27个月以上的宝宝，可以练习卷彩纸，培养他手指和手腕的控制能力。

13."穿"的动作

穿引类的游戏是1～2岁宝宝很喜欢的，能很好地锻炼抓握能力，也是手、眼、脑协调训练的好方法。

教具：硬纸板、鞋带。

要求：直接拿小鞋子练习难度大，也可能引发宝宝排斥，可在硬纸板上画一个鞋子，在相应的位置打好孔，让宝宝拿着鞋带自己穿。起初可以先由育婴师示范给孩子看，让宝宝理解穿引的概念；也可以手把手地教，让宝宝体验穿引过程中的相对位置，培养他们的观察力和记忆力。

◎ 设计精细动作训练游戏

1.精细动作的训练特点

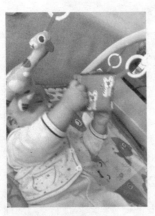

（1）0～6个月宝宝。0～6个月宝宝要多做抓、握动作，要促使宝宝经常用手去抓出现在眼前的东西。

可及时提供宝宝拍打、推拉、抓握练习的玩具，利用各种机会进行诱导和训练，如在婴儿床上方悬挂不同材料做的或能够发出声响的玩具。

（2）6～12个月宝宝。6～12个月宝宝要训练手部的操作能力，训练宝宝能够用手拍打、取物、抓握和松开、扔东西和拿着物体进行敲击的能力。

可及时为宝宝提供简单的玩具，教给宝宝具体的操作方法，如提供各种规格、各种材质的球。

 育儿经

物体形状、质地、颜色可以刺激宝宝的感官，促进小肌肉活动能力和手眼协调能力的发展。

（3）1～2岁宝宝。1～2岁宝宝要学会比较复杂的玩具，学会拿东西的各种动作。开始把物体当做"工具"来使用，并且在游戏过程中能够初步运用分解能力和发现能力。

可为宝宝提供运用腕力转动的有齿轮的玩具和可拧动的瓶子与瓶盖。穿大型木珠、螺丝转、木条插等可以训练宝宝的手眼协调能力；提供电话小娃娃、拼插玩具能够激发宝宝的想象力；套叠玩具（套碗、套桶、套蛋等）、图形镶嵌等可以引导宝宝在游戏中感知大小、观察分辨图形。

此外，还可以通过训练宝宝端起杯子来喝水、拿小勺吃饭、穿脱衣服等生活自理能力来训练其手脚协调能力。

（4）2～3岁宝宝。2～3岁宝宝要训练其手指协调能力和控制能力。

可为宝宝提供各种组合玩具（桌面玩具或地面玩具），运用泥胶、拼图、图画、纸张等材料，通过手指画（糨糊画）、撕揉纸团、捏面粉团、穿珠子等手工艺活动以及玩沙、玩水、盖高楼等游戏活动进行训练，丰富宝宝的感觉体验。

2.选择、设计婴幼儿精细动作训练的基本规律

手功能的开发分为两种形式：被动开发和自我主动探索的开发。根据婴幼儿精细动作发展的相关理论，选择和设计婴幼儿精细动作游戏要遵循以下规律。

（1）屈伸规律。如手臂屈伸、腕部屈伸、手指屈伸、膝部屈伸、踝部屈伸、脚趾屈伸。

（2）左右规律。如手臂左右运动、腕部左右运动、手指左右运动、膝部左右运动（微屈腿）、踝部左右运动、脚趾左右运动。

（3）旋转规律。如腕旋转、指旋转、踝旋转等。

（4）对称规律。如两手对捏、双手拿杯、双手鼓掌、双手穿珠、双脚夹物等。

（5）五指共享规律。一般手指练习主要关注拇指、食指、中指，很少刺激无名指和小指。因此，要加进无名指、小指的练习内容，如拇指、食指捏物，拇指、无名指捏物和小指捏物的训练。

（6）速度规律。精细动作练习一定要体现出速度，但在开始训练时应以熟练为主，运用多种方法把学过的内容掌握好。速度训练的内容出现不可过早。

相关链接

精细运动的好处

我们平时所说的精细运动主要指的就是宝宝的手部活动，主要包括眼手协调、手指屈伸和指尖动作等局部活动。但事实上这并不只是指单纯的手部灵活度，更是指能够凭借手以及手指等部位的小肌肉或小肌肉群的运动。精细运动是调动手指、手腕、脚趾、嘴唇等小肌肉的运动，大致顺序是三月玩手、五月抓手、七月换手、九月对指、一岁乱画、二岁折纸、三岁搭桥。

伴随着手部动作的发展，宝宝的身体和智力也会取得很大的进步。科学研究表明人身体的各个部分均在大脑有相应的区域来支配，而相对来讲，支配双手的脑区域是最大的，在大脑发育迅速的幼儿期，培养精细运动发育，有利于早期脑结构和功能成熟，能促进认知系统发展，这也是为什么很多时候，宝宝的智力发展，我们可以通过观察他们手部运动发展的情况来得到一些信号。

俗话说："十指连心，心灵手巧。"手巧的孩子各方面的能力也会更强一些，这也是早期教育离不开动手能力训练的原因之一。育婴师如果能够做到根据宝宝的月龄选择适合的小游戏来培养精细运动，效果会更好。

精细运动的发育与孩子的智力发育有更密切关系，精细运动发育得好，宝宝才会更聪明，尤其体现在入学后阅读以及数学方面。

◎ 选择合适的精细动作训练游戏

要根据宝宝的年龄特点和性格掌握科学的方法，选择、设计宝宝精细动作训练游戏。

1.抓物训练

适合年龄：3～6个月。

活动时间：可随时进行。

训练方法如下。

（1）拍拉悬物。在婴儿床上伸手可以够到的地方，用线吊一个小玩具，让他没事的时候够一够、拍一拍、拉一拉，要经常变换新的东西来激发宝宝的兴趣，使其保持新鲜感。

（2）放手训练。先让宝宝右手抓一个东西，再让他左手也抓一个东西，这时拿出第三个东西，如果非常喜欢，他会主动放弃一个，伸手抓住新出现的东西，经过反复训练，培养宝宝主动放手的意识。

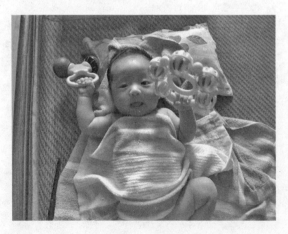

（3）给物训练。拿一些新鲜有趣的玩具，如乒乓球、小绒毛玩具等，先取其中一个放到宝宝手里，玩一会儿，告诉他"拿"和"给"的动作和意思。

（4）交换取物。把一堆互不相关的东西放在宝宝面前，让他伸手来取，一次拿一个，先左手、后右手，或用左、右手各拿一个，放下后再换其他东西。

（5）两手互敲。拿一些可以互相敲打的玩具，示意宝宝用两手互相进行敲打。

（6）左右互传。当宝宝抓物动作已经达到成熟后，可以练习传递动作，将左手的东西传给右手，或右手的东西传给左手，成人可做示范动作让宝宝进行模仿。

2.投掷游戏

适合年龄：1～3岁。

活动时间：1分钟左右。

训练方法：可以找一些不怕摔、不易碎的东西，让宝宝练习投掷。

（1）跳起来摸球。育婴师将球举在适当高度，让宝宝能够跳起来摸到球。

（2）抛球打罐。可在地上摆放一些空塑料罐子，让宝宝用球打击目标，距离也是由近到远。

（3）丢小沙包。到较空旷的地方拿小沙包向远处扔，有助于锻炼宝宝的手眼协调能力。

（4）投球入篮。准备2～3个比较轻的球，让宝宝把球扔进篮子里，最初可站在约0.5米处投球，以后根据情况逐渐拉长投球距离。

3.搭垒积木

适合年龄：1～3岁。

活动时间：1～3分钟。

训练方法如下。

（1）分堆。让宝宝把大积木和小积木分别放在不同的地方。

（2）搭梯。先把一块大积木摆平，再拿一块小积木放到上面，反复训练，让宝宝体会积木的摆放方法。

（3）放手。让宝宝根据自己的想象去搭建图形，用两块、三块甚至更多块积木搭起来，然后推倒了重搭，宝宝在积木倒塌的声音中易获得愉快感。

第 **8** 章

婴幼儿
智力开发

◎ 视觉训练

在孩子的所有感官中，眼睛是一个最主动、最活跃、最重要的感觉器官，大部分信息都是通过眼睛向大脑传递的。新生儿期的宝宝就具有活跃的视觉能力，他们能够看到周围的东西，甚至能够记住复杂的图形，分辨不同人的脸形，喜欢看鲜艳动感的东西。

育婴师在训练宝宝的视觉能力时，可从以下5方面入手。

1.对视法

宝宝最喜欢看大人的脸，当大人注视着他时，他会专注地看着你的脸，眼睛变得明亮，显得异常兴奋，有时甚至会手舞足蹈。因此，育婴师可多与宝宝对视，训练他的视觉。

可以采取玩藏猫猫的形式，训练时育婴师可用一条薄纱布盖住宝宝的眼睛（注意时间不能太长），然后育婴师把脸躲到一旁，一边跟宝宝说："阿姨在哪儿？"一边迅速将薄纱布从宝宝的眼睛上拿开，把脸凑近宝宝的脸说："阿姨在这儿呢！"

2.小夜灯法

大多数宝宝不仅喜欢看爸爸妈妈和育婴师的脸，而且喜欢看亮光。由于宝宝的视力还比较微弱，你可以用一支柔光小夜灯（有点儿光就行，光千万不要太强）来训练宝宝的视觉能力。

先将柔光小夜灯摆在宝宝视线的一侧，距宝宝的面孔约25～30厘米，在第1个月内，宝宝会稍加凝视；到1个月大时，如果你慢慢将柔光小夜灯往旁边移动，宝宝的视线会追随你的动作移动；一般要等长到3个月大以后，宝宝才能完成左右180°捕捉物体的视觉动作。

3.静态玩具法

当宝宝睡醒时，他会睁开眼睛到处看，这时可以为宝宝预备几幅挂图，最好是模拟妈妈脸的黑白挂图，也可以是条纹、波纹等图形。

 护理经

挂图要放在距宝宝眼睛20厘米处。由于新生儿对新奇的东西注视时间比较长，对熟悉的东西注视时间短，所以最好每隔3～4天应换一幅图。

另外，也可以在宝宝的房间悬挂一些彩色气球、小灯笼等彩色玩具，悬挂的玩具品种可以多样化，还应经常更换品种和位置，悬挂高度以20～35厘米左右为宜。

4.动态玩具法

宝宝喜欢左顾右盼，极少注意正前方的东西，据此可让宝宝学习追视。这时育婴师可以慢慢拿些黑白或彩色图片在宝宝正上方左右移动，宝宝的眼睛与追视图片的距离以30～40厘米为宜。训练追视玩具的时间不能过长，一般控制在每次1～2分钟，每天2～3次为宜，否则会引起宝宝的视觉疲劳。

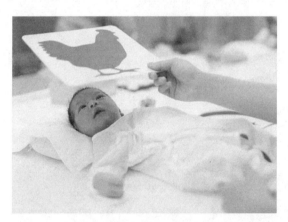

除了用玩具训练宝宝学习追视外，育婴师还可以用自己的脸引导宝宝进行追视，先把脸一会儿移向左，一会儿移向右，让宝宝追着你的脸看，不但可以训练左右转脸追视，还可以训练宝宝仰起脸向上方的追视，甚至环形追视，这样不仅锻炼了视觉能力，而且

也使宝宝的颈部得到了锻炼。

5.游戏训练法

1岁之后，孩子的视觉器官发育逐渐成熟，视敏度也随着孩子的年龄增长而发展。这时，育婴师可选择一些能提高孩子视敏度、帮助孩子辨认颜色、发展手眼协调能力的玩具和游戏。

比如，穿木珠。一开始可随便穿，训练手眼协调；然后可按颜色穿珠，从穿同色珠过渡到按颜色顺序有规律地穿各种颜色珠；最后还可举行比赛，看谁穿得最快，颜色最漂亮。

 护理经

宝宝的视觉系统从点到面，再到立体全方位发展而来，眼神由刚开始的游走不定，不能聚集于一件物体，到后面可以长时间注视某一事物，这样的过程需要父母对宝宝经过长期的有意识的训练。

◎ 听觉训练

胎儿从母体娩出后，就已具备听觉，出生后2周，即可集中听力，形成视听反应。而对宝宝进行听觉训练，有利于其大脑中储存各种声音信息，促进大脑发育。

训练方法有以下4种。

1.听音乐训练听觉

（1）方法。新生儿出生后1周，妈妈可以在给宝宝喂奶时或觉醒时，播放一段旋律优美、舒缓的钢琴曲，将音响的音量稍微调小。每次定时10分钟，固定1～2首乐曲，以建立条件反射。

（2）目的。音乐可以训练听觉、乐感和注意力，陶冶孩子的性情。

（3）注意。不要给宝宝听很多不同的曲子，一段乐曲一天中可以反复播放几次，每次十几分钟，过几周后再换另一段曲子。

2.与婴儿对话训练听觉

（1）方法。新生儿出生20天后，在宝宝清醒时，妈妈可以用温和、缓慢的语调与宝宝对话，亲切地呼唤宝宝的名字，讲故事、唱儿歌等。每天2～3次，每次5～10分钟。

（2）目的。给宝宝听觉刺激，有助于宝宝早日开口学话。

（3）注意。对宝宝说话时，尽量使用普通话。

3.听玩具声训练听力

宝宝满月后，可以为宝宝创造一个有声的世界，买些有声响的玩具，如拨浪鼓、八音盒、会叫的鸭子等。这些声音会给宝宝听觉的刺激，促进听觉的发育。

 育儿经

每次训练时，只让他听一种声音，反复地训练听觉。

4.听大自然声音训练听力

新生儿只能听到声音，但并不会辨别声音。所以要给宝宝一个有声的环境，训练宝宝听自然环境中的不同声音，如走路声、关开门声、水声、刷洗声、扫地声、说话声等，以刺激宝宝的听觉，接受不同声音的信息。通过在日常生活中创设丰富的"听"的环境与机会，为宝宝学习语言打下良好的基础。

◎ 嗅觉与味觉训练

宝宝嗅觉与味觉在胎儿时期就有了，出生后通过不同的方法发育得更加完善。育婴师要知道不同时期宝宝嗅觉与味觉的发育指标和发育特点，平时，要注重宝宝在嗅觉与味觉方面的训练，使得他们的感官更加灵敏。

1.宝宝嗅觉训练方法

（1）闻闻花香。平时多带宝宝出去走走，看看花开叶落，选一些清新的气味给宝宝闻闻，也可以让宝宝认识一下新的食物，增强他们的嗅觉反应。

（2）闻闻生活用品。可以让宝宝闻闻自己的生活用品，像是被子、毯子、香皂、小玩具等，这样可以使宝宝熟悉自己的生活，也能促进嗅觉发展。

（3）闻闻食物味道。可以让宝宝闻闻苹果、香蕉、辅食等，吸引宝宝的兴趣，为断奶做准备。让宝宝闻些略带刺激性的味道更能促进宝宝嗅觉完善，如醋的酸味等，让宝宝感受各种不同的气味。但是，在训练宝宝的时候，一定不能操之过急，要依据宝宝的兴趣进行。

2.宝宝味觉训练方法

（1）喝新鲜果汁。适当给宝宝喂些鲜榨果汁或蔬菜汁，不仅可以刺激宝宝的味觉发展，还能适时给宝宝增加营养，补充维生素。当然，也为宝宝日后添加辅食做好准备工作。

（2）及时添加辅食。一般宝宝满四个月就需要开始添加辅食了，一方面是为了丰富营养促进宝宝生长，另一方面及时添加辅食也可以作为训练宝宝味觉的一种途径。因为，平时宝宝只习惯或者熟悉母乳和其他奶制品的味道，现在，给宝宝添加多种口味（酸的、甜的等）的辅食，会使得宝宝的味觉发展完善，并且可以为此后宝宝断奶做好准备。

（3）吃水果肉。4～6个月的宝宝，可以适当吃些水果肉。用小勺子慢慢刮出苹果泥或香蕉泥等，水果的清新口味可以促进宝宝味觉发育。

（4）适当吃些苦味。宝宝对于不同的味道有不同的反应，但一般宝宝都是喜欢甜甜的味道。宝宝不喜欢吃药，那是因为他们知道那是苦的，所以育婴师在喂药时可以跟宝宝说这是苦的，让他们真实地了解苦味，而不能欺骗宝宝。平时也可在饮食中添加一点苦瓜、芹菜汁等食物。

◎ 触觉训练

触觉，是人类与生俱来的感觉之一。宝宝一出生就有，以口唇最为敏感，遇到东西接触，就会做出吸吮动作。宝宝说不出话来，但是却可以表达自己的感受，敏感的皮肤接触到不舒服的东西，他也扭动身体用强烈的动作来反抗，而他们最敏感的部位是嘴唇、前额、眼睑，以及手脚掌等。当孩子再大一些时，触觉将遍布全身，如何很好地利用这些触觉，来配合身体正常发育呢？多多接触外界事物是一个不错的办法。

比如冷热不同、粗细不同、材质不同等物品，在触觉训练中，将会锻炼他们的皮肤感知，增强宝宝触觉能力。育婴师在日常生活中，可采用以下训练方法。

1. 新生儿抚触

抚触最大的作用，就是能够给宝宝带来安全、满足和自信，促进亲子交流，愉悦他的心情，是极好的触觉训练。

2. 粗细不同好辨别

手指去感受物体的粗细，最初可以通过用手去抓水、沙、泡沫、豌豆等来感知，慢慢培养其感受粗细的能力。

3. 不同材质来摸摸

材质不同表面触摸起来也不同，玻璃是光光的，木头是粗糙的，丝绸是软软的，让宝宝尽可能去感觉不同事物的表面，来熟悉不同的材质。

可带宝宝走进大自然，让他摸摸泥土、石块、树干、树叶、小草、小动物的皮毛等各种纯天然的东西。

4. 试试温度知不同

在几个杯子中装上不同温度的水，千万不要过烫，让他摸一摸，感知不同温度。

5. 形状不同分分看

哪个是三角形？还是圆形或方形的？摸摸就知道了，原来三角形摸起来是这样的。这样的触觉训练有利于孩子的记忆和辨别。

6. 轻重掂掂就知道

同样形状的容器中放同样刻度的不同物体，比如大米、棉花等，让孩子掂一掂，他自然会感受到什么是轻重了，对比才是最重要的。

这些触觉训练不仅可以开发孩子的智力，还能够增强孩子的情商（EQ），潜意识感知更多大自然的奥秘和自身的关系，有助于更融洽地进入社会，与人相处更加愉快。以上的各种触觉训练有时是合在一起的，不需要特别单独分开来，多多开发类似的训练，对宝宝的发育非常有益。

◎ 平衡能力训练

平衡能力对于宝宝将来稳稳走路，以及提高协调性和注意力非常重要，育婴师可以利用宝宝刚会走路的黄金时间段，对其加强平衡训练。训练方法有以下3种。

1.和宝宝玩摇摇椅游戏

育婴师双腿并拢躺在地上，宝宝躺在或坐在育婴师小腿上，面向育婴师。

育婴师帮宝宝伸开双臂，帮助其保持平衡。育婴师进行双膝屈伸动作，重复上述动作多次，过程中始终与宝宝保持对视。

 育儿经

对于年龄较小的宝宝，育婴师屈膝的幅度可适当减小，以宝宝能接受的程度为准；训练时尽量让宝宝双手伸平，保持身体的平衡与稳定性。

2.和宝宝玩套叠等玩具

其实宝宝的动作发展是在脑和神经中枢、神经以及肌肉的控制下进行的，在宝宝的成长过程中当宝宝动作能力，如平衡协调能力不断提高时，这时反过来又可以促进宝宝的大脑发育。

所以，在这个阶段育婴师可以多和宝宝玩一些套叠玩具或穿绳玩具或是搭积木等游戏，通过这些玩具的游戏能够有助锻炼宝宝的小肌肉动作和宝宝的手指的灵活性，从而还会促进宝宝的大脑发育，对宝宝提升平衡能力也是十分有益的。

3.陪宝宝玩不倒翁游戏

育婴师可以坐在垫子上，然后将双腿分开，再将双脚相对，同时双手握住双脚的脚腕，让宝宝坐在你的腿中间，将宝宝的胳膊自然地放在育婴师大腿两侧。这时育婴师就可边唱儿歌"不倒翁，翁不倒，怀里抱着小宝宝，左歪歪，右倒倒，摇来摇去摇不倒"边摇摆着身体，同时也带动了宝宝随着你的身体运动。

育婴师在摇动身体的时候要用双臂将宝宝固定在怀里，这样可以保证孩子的安全。

 育儿经

这种不倒翁游戏不但能促进孩子大脑的平衡功能，还能让孩子体验与大人一起游戏的快乐。

◎ 0～8个月婴儿语言能力训练

1.语言特征

宝宝从出生到8个月处在"语言感受"的阶段，在这个时期宝宝还不会与成人对话，几乎不理解成人的语言，但他正在进行着两个方面的准备，一方面是自发地发出一些声音，进行"自我训练发音"，另一方面是每时每刻都在感受成人的语言。

2.训练方法

（1）与宝宝亲切交谈。首先要认为宝宝能听得懂话，随时与他亲切交谈，使他充分感受语言信息。

比如，"哦！宝宝醒了，阿姨来了""宝宝，望着阿姨笑一笑""宝宝，吃饱了吗""宝宝别着急，阿姨马上就来了"等。这种方法十分必要。

（2）逗宝宝发出笑声。宝宝一般在满月后就会笑了，从这个时候开始要经常逗宝宝发笑，尽量使其笑出声音，这是激活宝宝语言的前期准备，同时也是促进他发音器官成熟的有效手段。

比如，挠痒宝宝的身体和手脚，向宝宝扮笑脸、吹口哨、摇铃鼓、捉迷藏等，逗他发出"啊、呃、呀"声或笑声。

（3）附和宝宝的发音。宝宝在三四个月时，会自然地发出一些原始音，这是他以后学会语言表达的前期"语言"，育婴师要十分重视宝宝的这种"语言"，如宝宝自发地发出"妈"这个音，大人就附和着连续发"妈、妈、妈……"的音，还可以将"妈"音转变为"发、发、发……""花、花、花……"的音对着宝宝说。当然也可以主动对着宝宝发各种单音或双音，让他模仿。

（4）对宝宝说一点"儿语"。所谓的"儿语"是指由两个重合的单字音所组成的象声词语或不规范词语。

比如，把"小狗"说成"汪汪"，"小猫"说成"喵喵"，"汽车"说成"车车"等。

在宝宝五六个月时，育婴师可以指着相应的东西说一些"儿语"给宝宝听，如看见了一条狗，就说"汪汪"或"狗狗"，喂稀饭时就说"饭饭"等。这样做，一方面将语言伴随着行为，让宝宝理解大人的语言，另一方面便于宝宝模仿语言，促使他早一点说话。

有效地使用"儿语"有利于宝宝模仿发音。但在宝宝一岁半左右要尽快减少或禁止使用"儿语"，否则会影响宝宝语言和个性的发展。

（5）从5个月开始，可以让宝宝听儿歌，可以由育婴师或宝宝家人唱，也可以用播放器播放，注意播放时音量不要过大。

◎ 9 ~ 12个月婴儿语言能力训练

1.语言特征

9 ~ 12个月的宝宝正处在语言理解阶段，这一阶段宝宝的语言特征如下。

（1）尽管不会说话，但能理解成人常用的一些字、词或句子的意思，并能用动作、表情等身体语言与大人交流。

比如，问"爸爸呢？"他会转动身体去找爸爸或对爸爸笑一笑。

（2）经常会发出各种音节，虽然这还不是真正的语言，但想用语言交流的愿望已非常明显。如果大人同他说话或讲解事物，他会表现出安静、专注的神情。

（3）不少宝宝10个月以后，语言方面有快速的发展，能模仿大人发出有意义的标准语音，如"爸爸""妈妈""哥哥""狗狗"等。在这个阶段的后期，宝宝还能在大人的指导下学会一些复杂的反应。

比如，大人说"谢谢"，他会两手合拢作揖，大人说"把小汽车给我"，他会把手中的小汽车交给大人。

2.训练方法

（1）用词语或短语与宝宝交流。用准确、明了的词语或短语与宝宝交流，这样有利于宝宝理解和模仿语言。

比如，"睡觉""喝水""吃饭""宝宝，出去玩""爸爸回来了""这是鱼"等。

（2）教宝宝发简单音节。教宝宝发一些简单音节，一来可以促进发音器官的成熟，二来为模仿大人的语言打下基础。

比如，ma—ma—ma—ma，ba—ba—ba—ba，pu—pu—pu—pu，ji—ji—ji—ji等。

（3）讲图画故事。可以选择一点有关人物、动物和玩具的图画书，育婴师尽量以一两个简单的词语告诉宝宝每页图画中的内容，讲的时候最好能声情并茂。

比如，用手指着图片说"这是爷爷、奶奶""这是大象""小猫，喵喵叫""汽车，嘀嘀嘀"等。

（4）做身体语言训练。在这个年龄段多数宝宝还不会说话，只能以身体语言表达对大人语言的理解，对此要多用生活中的情境教宝宝学会用动作、表情等身体语言来表达大人说话的意思。

比如，"再见""谢谢""欢迎""喜欢""想要""不要"等。

◎ 1岁至1岁半幼儿语言能力训练

1.语言特征

1岁至1岁半的宝宝已处在从语言理解和模仿阶段转为语言表达阶段的过渡期，这一时期宝宝的语言特征如下。

（1）无意发音明显减少，能说出大量不同音的连续音节。

（2）能够不模仿成人而自己说出一些有真正意义的字或词，这标志着宝宝口语能力真正开始产生。

比如，他要吃糖会说"糖，糖"，有人对他说"妈妈回来了"，他会一边叫"妈妈"，一边往妈妈身边跑去。

（3）语言理解能力明显增强，已能理解许多复杂的意思，尤其到了1岁半左右，已能听懂较复杂的故事。

（4）说的一个字或一个词往往有多种意思，如叫"妈妈"，或是要妈妈抱，或是要妈妈拿东西给他。这就是明显的以词代句特征。

2.训练方法

（1）继续用词语或短语与宝宝交流。这个年龄段由于正是宝宝从语言模仿向语言表达的转换阶段，因此，育婴师要继续用词语或短语与宝宝交流，特别要注意将语言与行为结合起来。

比如，带宝宝出去玩时就要对他说"宝宝，我们出去玩"，看见爸爸回家了，就对宝宝说"宝宝，爸爸下班了"等。

（2）教宝宝说出各种事物名称。在生活中遇到什么事物，就要教宝宝说出这种事物的名称，这是教宝宝学习说话的基础，说出事物的名称越多越好。

比如，"小汽车""气球""小草""大树""星星"等。

（3）教宝宝学说"这是什么""那是什么"的短句。在宝宝能说出"汽车""球"的名称以后，可以指着这些物品问他"这是什么""那是什么"，教宝宝学会用"汽车""球"等单词来表达，以后逐步转为会用"这是汽车""那是球"的短句来回答。

（4）教宝宝学习一些简单句。宝宝用句子来表达语言，首先是从说简单的句子开始。育婴师要注意在生活中多用简单的句子同宝宝交流。

比如，"丁丁笑""吃苹果""妈妈

坐""出去玩""讲故事""丁丁穿衣"等，这些简单、明了的主谓结构和谓宾结构的短句，宝宝听多了自然就会模仿。

另外，对这些简单句也可以有意设置一些情景引导宝宝表达出来。

比如，大人和宝宝一起做游戏，大家都开心地笑起来了，育婴师可以问宝宝："妈妈怎么了？"引导宝宝说出"妈妈笑"的话来。

又如，爸爸做一个推车的实景，育婴师问宝宝："爸爸在干什么？"引导他说出"爸爸推车"或"爸爸上班"等简单句。

（5）背简短儿歌和小古诗。这个时期的宝宝很喜欢背一些简短的儿歌和小古诗，刚开始大人要一句一句地将整首儿歌或小古诗反复背诵出来，不要求宝宝马上跟着背诵，时间长了，往往是大人背诵前面的内容，宝宝附和着说最后一个字或几个字。

比如，大人说"床前明月……"宝宝马上接着说"光"，大人又接着说"疑是地

上……"宝宝又马上接着说"霜"。以后大人只说前面的两个字，宝宝就跟着说后面的三个字，再以后宝宝自己就会背出整首的诗。

> **育儿经**
>
> 教宝宝背儿歌和小古诗，是训练宝宝口语的有效方法。

（6）教宝宝用词或短句表达自己的需求。由于宝宝以前能用身体语言表达要求，大人也总是马上给予回应，因而现在仍然习惯用动作、表情来表达需求，不愿说话，如他想吃饼干，就用手去指，育婴师就会将饼干拿给他。如果育婴师现在仍然像以前那样立即去满足他用身体语言表达的需求，那么，宝宝就懒得说话。

因此，对于这一时期宝宝的需求，不要马上满足他，要尽量让他用词或短句来表达，哪怕是一个字也好。

比如，宝宝一手拉着育婴师，一手指着门，意思是要出去玩。这时，育婴师不要马上回应，应该教宝宝说："出去玩。"先尽量让他说出一个"玩"字也是好的。

许多宝宝一直到2岁还不愿说话，其中一个原因就是在1岁半左右，家长害怕宝宝哭闹就习惯于满足他身体语言的要求。

◎ 1岁半至2岁幼儿语言能力训练

1.语言特征

1岁半至2岁的宝宝已进入完整简单句阶段，如"妈妈抱抱我""我还要一个"等，其语言特征如下。

（1）掌握了大量的常见物品名称的单词和经常发生的简单动作的单词，如抓、走、跑、跳、拿、吃、买等。其他的词，如形容词、量词、连词、副词等，极个别的也能模仿大人的话说一点。

（2）以词代句的现象减少，能够用简单句同大人进行语言交流，也会用语言表达自己的需求，如"出去玩""我要吃""飞走了"等。

（3）在1岁10个月以后，开始说一点极简单的复合句，如"妈妈来，抱抱我""我要笔，来画画"等。

（4）在这个阶段的后期，能和大人开始进行简单的对话。

比如，宝宝会这样回答大人的话"吃饱了吗？""吃饱了。""再喝一点水吧！""不喝了。"也会回答大人就故事中的内容提出的一些简单问题。

熊宝宝在哪里？屋里。
熊妈妈在哪里？屋外。

谁在床上？熊宝宝。
谁在床下？小青蛙。

2.训练方法

（1）教宝宝说主谓宾句式的话。在宝宝会说简单句的基础上学说含有主谓宾句式的完整简单句。

比如，"丁丁吃饭""我们出去玩""姥姥回家了""丁丁玩皮球"等。

这种句式应在生活中注意随时随事地教宝宝说。这些伴随生活情节的语言，宝宝容易理解和模仿。

（2）教宝宝回答疑问句。育婴师应在生活或游戏中教宝宝回答"某某东西在哪里"等疑问句。

比如，将宝宝喜欢的玩具，如小皮球、小汽车等，放在他看得见但拿不到的地方或藏起来后，问他："小皮球在哪里？"一边鼓励他去寻找，一边教他说出"在这里"或"不知道""没看见""找不到"等话。

这种训练也可以在户外随时进行，如抱着宝宝边走边问"树在哪里""滑梯在什么地方"等，让宝宝回答。

（3）教宝宝学习形容词。在生活中利用实物、图片或日常生活经验，经常向宝宝说说各种物品的特性。

比如，"大苹果，小苹果""红蝴蝶，黄蝴蝶""熊猫胖，小猴瘦""大象高，小狗矮""蜜蜂飞、蚂蚁爬"等。

（4）教宝宝回答故事中的小问题。这个时期宝宝语言理解能力有了较快的发展，也喜欢听故事。育婴师要学会抓住时机，每讲完一个故事都要对宝宝提一点小问题。

比如，讲完《龟兔赛跑》的故事，可以问宝宝："谁赢了？谁输了？"宝宝若答"乌龟赢了，兔子输了"，大人可以接着问："为什么乌龟赢了？兔子输了？"宝宝可能会说：

"乌龟没有睡觉，兔子睡大觉。"若不会回答，大人要耐心引导。

回答问题的准确性不是最重要的，关键是培养宝宝回答问题的兴趣，以训练他听和说的能力。

（5）教宝宝理解选择句。在生活中可以教宝宝回答选择句的提问。

比如，育婴师准备好一些物品，然后依次问宝宝："你是要饼干，还是要糖果""你是要香蕉，还是要苹果""你是要布娃娃，还是要小汽车"等，让宝宝作出选择回答。

（6）继续教宝宝背诵儿歌和顺口溜。2岁左右的宝宝，其发音器官尚未发育成熟，往往吐词不清，如将"晚安"说成"晚喃"，这是很正常的，但可以通过教宝宝背儿歌和顺口溜来训练他逐步把字音发准，这是一种十分有效的方法。

为此，要激发宝宝背诵儿歌、顺口溜和小古诗的热情，促进他语言的发展。

◎ 2～3岁幼儿语言能力训练

1.语言特征

（1）已进入语言复合句阶段。宝宝在大人强化作用下已将主谓宾结构的句式巩固下来，说话的句子明显加长，到了逐步学会说复合句的时候了。

比如，会说"丁丁吃这个，妈妈吃那个""我先吃饭，再去玩"等。

（2）慢慢学会了用语言表达眼前不存在的事情。

比如，回到家会说："妈妈，爸爸还没有回来"，晚上出去玩时会说"今天没有看见月亮"等。

（3）慢慢学会了用语言来描述人和物的相互关系。

比如，"这是我的皮球，这是你的小汽车""这是我的，不给你"等。

（4）会用语言来评价人和事。

比如，看到某个小朋友不听话、瞎闹，他会说"不乖，不是好宝宝"等。

2.训练方法

（1）教宝宝学习语言复述。育婴师可以和宝宝一起做语言复述的游戏。

比如，你对宝宝说"今天我们一起去公园玩"，并叫他将话传给妈妈。

这种游戏简单有趣，宝宝乐意参与。复述的语言从短到长，不一定要求宝宝复述完整，主要目的是激发他说话的兴趣。

（2）教宝宝学习场景提问。大人带宝宝到户外活动时，就看见的情景提问，让宝宝回答，这非常有利于宝宝语言表达能力的发展。

比如问"是什么车子开过去了""前面走过来的是哥哥，还是姐姐""这是什么颜色的花""这位爷爷手上拿的是什么东西""你看看红旗朝哪边飘""你看看今天晚上的月亮像什么"等。

这种场景提问是宝宝生活中亲眼看到的情景问题，宝宝自然喜欢回答。

（3）教宝宝学习时间概念。教宝宝学习时间概念，首先要从宝宝的实际生活经历中教他领悟。

比如，逐步告诉宝宝：天亮了，我们起床的时候叫"早上"；吃完早餐到吃午餐之间叫"上午"；吃完午餐到吃晚餐之间叫"下午"；吃完晚餐以后叫"晚上"。

等宝宝慢慢领悟了这些概念后，可以问宝宝："吃完早餐你去玩皮球的时候，是上午还是下午""吃完午餐你睡觉了，是上午还是下午""现在是下午还是晚上"。

（4）继续教宝宝背儿歌和小古诗。应该试着教这个时期的宝宝背诵完整的儿歌和小古诗，能与看到的实景联系起来学和背就更好了。

比如，背了一首"秋天到，秋天到，红树叶，黄树叶，片片落下像蝴蝶"的儿歌，若在户外看到秋天的落叶，就要引导宝宝边看边背这首儿歌，这样宝宝背的儿歌或古诗就更有意境了。

（5）教宝宝学习简单的复合句。宝宝在能说完整简单句的基础上，可以教他说由2～3个简单句组成的复合句。

比如，"我先吃一口饭，再吃一口菜""月亮起床了，太阳就睡觉了""我喜欢苹果，也喜欢梨子，还喜欢香蕉"等，这种句子说得越多越好。

（6）继续就故事中的内容提问。2～3岁的宝宝最喜欢听大人讲故事，而且他的语言表达能力也增强了许多，育婴师要抓住宝宝这一心理，对他进行语言训练，要继续就当时讲完的故事对宝宝提问。

（7）教宝宝简单复述故事中的情节。在讲完故事后，育婴师可以引导宝宝简单复述故事中的部分或全部情节，只要能说出个大意，哪怕是几句话都要热情鼓励和称赞。刚开始宝宝不知道怎么复述，育婴师可以根据故事过程用提问的方式加以引导。

比如，《龟兔赛跑》的故事，可以问"有一天谁和谁在什么地方赛跑"，引导宝宝说出"有一天，乌龟和小白兔来到草地上赛跑"的话，接着可以边听边附和着问"后来呢……嗯！后来呢"，直到宝宝讲完。当然这种训练难度较大，可以在宝宝3岁左右进行。

第 9 章

婴幼儿
行为及
习惯培养

◎ 培养婴幼儿良好的饮食习惯

良好的饮食习惯要从婴幼儿开始培养，这样才能帮助宝宝更加均衡地摄取食物营养。对此，育婴师应从以下7个方面培养宝宝的饮食习惯。

1. 注意饮食卫生

俗话说"病从口入"，许多疾病尤其是胃肠道疾病大部分是因不注意饮食卫生引起的，因此应从小培养良好的饮食卫生习惯。

2. 按时进餐

胃排空的时间有一定的规律性，1～2个月的宝宝吃母乳，一般间隔2～3个小时吃1次，以后随着胃容量逐渐增大，每次哺乳量增多，胃排空时间逐渐延长。到4～5个月时就会自然地形成3～4小时哺乳1次的习惯。5～6个月后随着辅食的添加，饮食也从流质过渡到半流质、固体食品，胃排空的时间也逐渐延长。1～2岁时每日可安排进食5次，2岁后可逐渐过渡到一日3次主餐，另外定时加餐。每日如此，可使进食前胃已排空，有饥饿感，食欲好，食物消化吸收也好。

> **育儿经**
>
>
>
> 从第一次辅食开始，就要形成一套进餐程序，让孩子养成规律进餐的好习惯，这样有助于维护胃肠道消化功能的正常运行。

3. 定位进餐

从5～6个月开始添加饭菜时，每次都让孩子坐在固定的场所和位置上，并让孩子使用独自的小碗、小勺、杯子等餐具。孩子每次坐下后，看到这些餐具便通过条件反射知道该吃东西了，就会有口唇吸吮及唾液的分泌，让孩子做好生理和心理上的准备。

4. 良好的就餐环境

就餐环境包括心理环境和物理环境。

心理环境指在育婴师的语言等因素的支持下，保证宝宝拥有愉快的心情进食。训练孩子吃饭时要专心，不要在吃饭时跟孩子谈论与吃饭无关的话题，更不要开着电视吃饭。

物理环境指育婴师要为宝宝创设安静、和谐的就餐环境，适当的时候可以加一点舒缓、温柔的背景音乐。音乐的播放应以能够听到但不会引起注意为佳。

5. 不偏食、不挑食

从5～6个月添加饭菜时就要注意，给

宝宝吃的食品不要过于单一，宜多样化。1～2岁宝宝的主食中，米、面、杂粮都应该有，辅食也不能只吃蛋、肉、鱼，而忽视蔬菜、水果。

因此，应给宝宝提供丰富的有营养的食物，肉类和蔬菜合理搭配，每天变换不同的食物种类。在色彩上也要有意识地进行搭配，以引起宝宝进食的兴趣。

育儿经

育婴师要让宝宝明白偏食、厌食的危害，在对待偏食、厌食的问题上态度要坚决，不要因为怕宝宝饿肚子而妥协。

6.育婴师做好榜样

育婴师在饮食上要做宝宝的榜样，不挑食、荤素搭配恰当，安静专心地进食，潜移默化地发挥作用。另外，育婴师的情绪状态

也是影响宝宝进食的一个重要因素，育婴师以良好的情绪状态坐在餐桌前面，可以创造一种进餐的良好氛围，利于宝宝进食。

7.让婴幼儿学会独立进食

让宝宝自己独立吃饭，是婴幼儿时期最基本的生活自理能力训练。

（1）吃饭前让宝宝将手洗干净，自己拿勺或筷子坐在大人身旁吃饭。

（2）初学时宝宝手的动作不太协调，容易洒饭，弄脏衣服。这是初学时每个宝宝都存在的问题，育婴师不要责备他，要耐心地帮助他，教给他拿勺和筷子的正确姿势，让他模仿大人的动作，把饭一口一口送进嘴里。

育儿经

宝宝能独立吃上几口，都要及时给予鼓励，这样可以增加宝宝自己吃饭的信心。

（4）育婴师可以给其夹菜、添饭，但不要喂他，要鼓励他自己吃，同时称赞菜的味道好，说"宝宝吃了能长高"等，以促进宝宝积极进食的情绪，尽快掌握自己吃饭的技能。千万不要嫌麻烦或认为宝宝没吃饱，而去喂他。

（5）2～3岁吃饭动作逐渐协调，可独立吃饭，可以学习做简单的家务，如主动放好餐具、椅子等。

◎ 培养婴幼儿良好的睡眠习惯

睡眠对宝宝的生长发育作用重大，但宝宝依赖性强，不能独立决定自己的睡眠，因此育婴师要帮助宝宝养成良好的睡眠习惯。

1. 了解宝宝困倦的表现

有些宝宝会通过揉眼睛、拉耳朵或者哭闹来表示困倦，如果宝宝有这些表现，就应该让他睡觉了。

2. 让宝宝分清白天和黑夜

在宝宝2周大的时候，就可以让其分清白天和黑夜了。宝宝白天醒着的时候，应尽量多和他一起玩耍，让他的房间有充足的光线，保持日常的生活噪声，如电话铃声和洗衣机运转声音；晚上醒来吃奶时，不要与他玩，要把房间内的光线调暗，并保持四周安静，吃完奶后轻轻拍他入睡，不久宝宝就会意识到，晚上是睡觉的时间了。

3. 帮宝宝建立生物钟

如果已经过了平常醒来的时间宝宝还在睡觉，通常情况下最好把他叫醒，这样有助于帮他建立起睡眠生物钟。

4. 让宝宝自己入睡

等宝宝长到6～8周时，可以在他困倦但还清醒的时候，把他放在床上，让他有机会自己入睡，要注意尽量不要摇晃着让宝宝入睡，或者是边吃奶边入睡。

 育儿经

对大一点的能够在熟睡时自由翻身的宝宝来说，可以给他一件"安抚物"，这件物品可能是一条毯子或一个绒毛玩具。

5. 形成一套固定的睡前程序

睡前程序的内容没有特别规定，只要宝宝喜欢并能因此平静下来就可以。这套程序通常包括：玩一个让宝宝宣泄过剩精力的游戏，给他洗个澡，穿上他喜欢的睡衣，读个温馨的故事或再玩个安静的游戏，唱个歌、聊会儿天，然后把他抱上床，向他道晚安。要让宝宝知道，床是个很舒适的小窝，而不是一到睡觉时间父母就"遗弃"他的地方。

每天坚持这么做，就会让宝宝形成习惯，以后每次做这些事情时，就知道"我该睡觉啦"。

◎ 培养婴幼儿良好的卫生习惯

宝宝年龄越小，其神经系统的可塑性越大，各种好习惯越容易形成。好的生活卫生习惯需从小养成，良好的习惯将会影响到他们的终身。

1.让宝宝爱上洗澡

（1）洗澡前半个小时最好让宝宝玩安静的游戏，如果宝宝太兴奋，会因为沉浸在游戏中而不愿意去洗澡。

（2）洗澡时，育婴师可一边为宝宝洗澡一边给他讲故事或和他一起做玩水的游戏，让宝宝放松心情，逐渐习惯并喜欢在水中沐浴的感觉。

2.让宝宝懂得饭前便后要洗手

告诉宝宝为什么要洗手，让他明白洗手的道理。手接触外界难免带有细菌，这些细菌是看不见、摸不着的，人如果不将双手洗干净，手上的细菌就会随着食物进入肚子，宝宝就会因为吃进不干净的东西导致生病。

有的宝宝贪玩、性子急，不是忘记洗手就是不认真洗手，育婴师应经常耐心地提醒，不要因其不愿意洗手而采取迁就的态度。在宝宝吃东西之前，在接触过血液、泪液、鼻涕、痰和唾液之后，在接触钱币之后或者在玩耍之后，都要提醒宝宝反复洗手，保持清洁。

3.让宝宝懂得应勤剪指甲

应定期给宝宝剪指甲，让其懂得长指甲容易藏污垢，要选择适合宝宝用的指甲刀，待宝宝安静的时候再为他修剪。

4.提醒宝宝不要用手搓眼睛

育婴师应时常提醒并督促宝宝不要用手搓眼睛，有的宝宝困了或累了时有用手搓眼睛的习惯，育婴师应帮助他改掉这个毛病，告诉他每个人手上都带有人眼看不到的细菌，如果用手搓眼睛，就会让细菌侵入眼内，引起眼睛充血、发炎、感染等。

室外活动可以开阔宝宝的视野，让眼睛得到放松。如有条件，应多带宝宝到野外或公园绿地活动，对保护视力也会起到很好的促进作用。

5.经常提醒宝宝上厕所

有的宝宝因为玩得高兴而忘记上厕所，也有的嫌上厕所麻烦，养成憋尿憋屎的毛病。育婴师应告诉宝宝憋尿憋屎的害处，这样做既不卫生又会伤害身体，影响身体健康，育婴师应注意提醒宝宝自主排泄。

◎让幼儿学会自己刷牙

宝宝2岁以后，待20个乳牙萌出后就要学习刷牙了，刷牙不仅可以清除食物残渣，防止龋齿，同时能按摩牙龈，促进牙龈的血液循环，减少牙周疾病。3岁左右就应该让宝宝养成早晚刷牙、饭后漱口的习惯。

1.让宝宝了解刷牙的重要性

借助电视、图书上有关牙膏的广告和知识，让宝宝知道牙齿和人的皮肤一样也需要清洁，否则就会像树长虫子那样，出现蛀牙、牙疼等症状，严重的还要将牙拔掉。

育儿经

宝宝身边那些有蛀牙的小朋友，也是教育他们坚持每天刷牙的好"素材"。

2.让宝宝关注自己的牙齿

育婴师应有意识地培养宝宝关注自己的牙齿，当长出第一颗牙或长出了新牙，不妨带他到镜子前看看自己的牙齿。对于较大的宝宝，可以带他一起数数长出了几颗牙，还可以让他张大嘴，和他比比谁的牙齿又白又亮。

3.教会宝宝漱口并培养刷牙兴趣

宝宝1岁左右就可以学着自己漱口了，开始可能漱不好，为避免他把漱口水咽下去，要用温开水漱口。

不要强迫宝宝刷牙，应培养他的刷牙兴趣，使他自觉坚持刷牙。可带他一起去买自己喜欢的牙刷、牙膏，从而培养他对刷牙的兴趣。

4.正确的刷牙姿势和顺序

育婴师应注意为宝宝选择适合其使用的儿童牙刷和牙膏，训练其正确的刷牙姿势和顺序，通过演示让宝宝掌握吐刷牙水的方法。

（1）应采取竖刷法，就像洗梳子时应当顺着梳齿的方向一样，这样才能将齿缝中不洁之物清除掉。

育儿经

横刷法不易清除食物残渣，而且易刷伤牙龈和牙齿，还会使口腔黏膜受到损伤。

（2）刷牙时应照顾到牙齿的各个面，不能只刷外面，要将牙刷的毛束放在牙龈与牙冠萌出处，轻轻压着牙齿向牙冠尖端刷，刷上牙床时要由上向下，刷下牙床时要由下向上，反复6～10下。要将牙齿里外上下都刷到，刷牙时间不要少于3分钟。

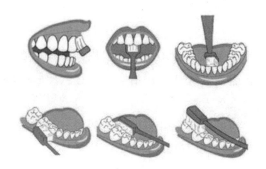

育儿经

叮嘱宝宝每天早晚各刷1次。晚上刷过牙后就不宜再吃东西了，尤其是不能吃糖和含糖的食物。

（3）教宝宝刷牙时，育婴师应和宝宝各拿一把牙刷，一边做示范动作，一边进行讲解，身教言教并重。3岁以前宝宝刷牙只用清水即可，不要用牙膏，尤其是不会吐出漱口水之前。

相关链接

婴幼儿牙具怎么选

1.儿童专用牙刷的选择

（1）刷毛要软，刷头要小，这样才能比较容易地接触到宝宝所有的牙齿，包括最里面的牙齿。

（2）刷面平坦，并且刷毛的顶端是圆体形的，这样才不会刮伤宝宝的牙龈。

（3）成人牙刷不适合年幼的孩子，因为刷头太大，宝宝用起来不舒服，刷毛也可能太硬，会磨损宝宝的牙齿和牙龈。

（4）选择刷柄较"硬"的牙刷，这样可以最大限度地锻炼肌肉运动技巧。

（5）竖直放置牙刷，并保持干燥。确保各个牙刷的刷毛彼此不会相触，防止细菌从一支牙刷传到另一支牙刷。

（6）当牙刷出现磨损比如说刷毛散开时，就要更换牙刷。

（7）无论如何，至少每2～3个月就要换一支牙刷，并且生病以后一定要换牙刷，因为旧的牙刷上可能藏有细菌。

2.牙膏的选择

对孩子来说，应选择专用的儿童牙膏。儿童牙膏除了色彩比较艳丽，味道比较香甜，包装比较活泼外，含氟量比较低，以免宝宝在刷牙过程中误吞牙膏，影响孩子健康生长。

3.刷牙杯的选择

刷牙杯要挑选材质安全的、造型可爱的款式，这样才能激发宝宝刷牙的兴趣。

◎指导幼儿自己穿、脱衣服

学会穿脱衣服，是宝宝生活自理的第一步。宝宝大都对自己穿脱衣服很热心，他们喜欢将衣服穿上或脱下的那种成就感。当宝宝出现渴望自己穿衣或脱衣的举动时，一定要满足宝宝，教给他们正确的方法和技巧，帮助和引导宝宝学会穿脱衣服。爱孩子，就给他自己动手的机会，让孩子在生活自理中掌握更多的生活技能。

2~3岁的宝宝正是好奇心旺盛，喜欢亲自动手尝试的年龄，大人及时地教授和引导，定能起到事半功倍的良好效果。

1.培养宝宝穿脱衣服兴趣

宝宝刚开始学穿脱衣服，肯定穿不好，不是把扣子系错了位，就是把两条腿伸进一只裤筒，育婴师一定要有耐心，不要训斥宝宝，也不要取而代之帮助他穿好，而是应给予宝宝鼓励，同时不厌其烦地教宝宝正确的方法，以让宝宝对穿脱衣服充满兴趣。

2.要遵循先易后难的原则

宝宝学穿脱衣服最好从夏天开始，因为夏天穿的衣服简单，而且慢慢穿也不易受凉。当宝宝学会了穿短裤、背心后，就会信心大增，随天气变化，逐渐增加衣服，穿脱时难度也不算太大。

另外，育婴师应为宝宝提供一些较宽松的衣服，这样更能方便宝宝练习。

3.脱衣训练

一般宝宝都是先学脱、后学穿的，因为脱衣服更容易些。

（1）脱开衫上衣。脱衣服时，先让宝宝自己解开扣子，用双手将衣服褪至肩下，然后脱下两个衣袖。

（2）脱套头上衣。先让宝宝脱下两只衣袖，然后抓住领口向上提，衣服就脱下来了。

（3）脱裤子。让宝宝双手拉住裤腰两侧，向前一弯腰，顺着把裤子拉到臀部下面，然后坐下来，把两腿从裤筒里脱出来即可。

在教导宝宝学会自己脱衣服的同时，也应该培养他折叠、整理衣服的习惯，不要让他将衣服随意丢弃。

4.穿衣服的方法

（1）穿开衫。最初可选择开襟式衣服给宝宝练习，衣服的前襟朝外，双手提住衣领的两端，然后从头上向后一披，把衣服披在背上，再将双手分别伸入衣袖。在穿袖子的时候，让宝宝把手握成拳头，这样容易穿过袖子，不至于被袖子牵绊。系纽扣时，先把两侧门襟对齐，从下往上将扣子按位置逐一扣好。穿戴整齐后，让宝宝站在镜子前，一边照镜子一边整理好衣服。

（2）穿套头衫。穿套头的衣服时，要教宝宝分清衣服的前后：领口高的部分是后面，领口低、有口袋的是前面，有缝衣线的是里面，表面光滑的是外面。穿的时候，先把头钻进上面的"大洞"里，然后再把胳膊分别伸到两边的"小洞"，将衣服拉整齐就可以了。

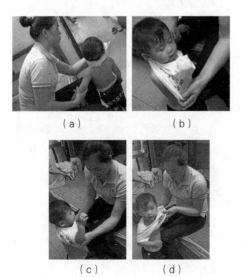

（a） （b）

（c） （d）

（3）穿裤子。教宝宝穿裤子时，先让他分清前后，双手拉住裤腰，坐着将两腿同时伸进裤筒，当脚从裤筒中伸出时，便可站起来，把裤子往上一提，就穿好了。

5.挂衣服的方法

指导宝宝把衣服前襟向上放在床上或桌子上，先将衣架的一侧伸进衣服的肩膀处，再把衣架的另一端伸进衣服的另一肩膀处，查看衣架放得比较适中后，将前襟放好，扣子扣好，把撑好衣服的衣架挂到衣架挂钩上。

6.学会系扣子

由于孩子小，两只小手相互配合得不一致，很难把扣子系好。为了让宝宝能熟练系扣子，可把上衣平铺在床上，将扣子和对应的扣眼指给宝宝看，指导宝宝先用左手大拇指放在扣子背面，食指尖放在扣子正面，右手抓住靠近扣眼的衣服边，轻轻拽起，促使扣眼微张，然后将扣子穿进去。

 育儿经

在宝宝学会扣前襟纽扣之前，可以让他玩帮娃娃扣纽扣的游戏。指尖的小肌肉运动，会使宝宝的指尖活动变得更为灵巧。

◎培养婴幼儿的良好情绪

情绪不仅影响宝宝的心理健康，也影响其生理健康。喜悦、愉快的情绪能明显促进宝宝身体的健康成长。因此，育婴师要善于培养宝宝的良好情绪。

1.表达对婴幼儿的爱

可以通过很多方式表达对宝宝的爱，如亲吻、拥抱、倾听、对话、对他笑、表扬他、和他一起游戏等。在这些活动中，宝宝容易体会到成人的爱，特别是对眼神的解读。

 育儿经

宝宝感受到来自成人的爱，并且从成人的言行中学习到表达爱的方式，就会知道如何对别人表达感情了。

2.帮助婴幼儿正确认识自己的感觉

如果宝宝因为害怕上幼儿园而大哭，育婴师应平和地安慰他说："今天是你上幼儿园的第一天，阿姨知道你有点儿害怕，其实很多别的小朋友也会害怕的，但是阿姨相信你是个勇敢的宝宝，会慢慢喜欢上幼儿园的。"那么，宝宝就会知道这种害怕的感觉是正常的。

每个人在情绪不安的时候都希望得到理解和接受，而不只是建议或者批评。育婴师不能忽视宝宝的感觉，应设法予以帮助。

3.鼓励婴幼儿积极的情绪表达

如果宝宝对别人微笑、对小朋友友好、对奶奶有礼貌，育婴师或家长就应该表扬他。

你真棒

4.与婴幼儿一起谈论情绪

当你感到生气、伤心或高兴的时候，应该直接告诉宝宝，并告诉他原因。

比如，你今天很高兴，因为你得到了一件礼物；你很伤心，因为你的妈妈病了；你想出去散步，但天下雨了，你很失望等。

如果试图将自己的消极情绪隐藏起来，这是不太容易做到的，这些情绪最终会以不太恰当的方式流露出来，所以最好坦诚地与宝宝谈论情绪。

5.帮助婴幼儿控制情绪

如果宝宝的消极情绪引发了有害或无礼的行为，就要帮助他进行控制。

比如，宝宝看到别人收到一件本来自己想要的礼物，难免会嫉妒。这时，不要阻止这种情绪，应该正面面对。但如果宝宝要摔掉礼物，则要限制。如果宝宝很生气，育婴师应尽量使他冷静下来。

6.和婴幼儿一起玩情绪游戏

（1）给情绪命名。育婴师应该让宝宝知道每种感觉的名称，理解情绪产生的原因。从杂志或报纸上剪一些不同表情的人脸，让宝宝猜猜此人有什么感觉，然后编一个故事，讲讲这人为什么有这种情绪。

（2）想象游戏。比如，可以问宝宝："如果一只小狗跑进房子里，你会有什么感觉？"你可以和宝宝一起创设想象中的情景。

（3）照镜子。对更小的宝宝，育婴师可以和他一起站在一面大镜子前，成人变换不同表情，鼓励宝宝模仿。

（4）假装是动物。比如，学小猫、小狗叫，学乌龟爬行等。

（5）角色扮演。让宝宝假装成另一个人，可以帮助他理解别人的感觉。比如扮演被欺负的或欺负别人的小朋友。

（6）讲故事。讲故事可以成为每天晚上的一项常规活动。

🔖 相关链接

婴幼儿情绪发展里程碑

情绪是个体在客观事物是否符合本身需要时产生的主观体验，如快乐、厌恶、悲伤、害怕、焦虑、羞愧等。作为育婴师，在孩子的早期发展中，了解包括情绪体验、情绪表达、情绪识别、情绪调节等在内的情绪发展是不可忽视的一个方面。

（1）0～2个月：挫折、满足、渐渐有笑意、好奇，开始会自我安抚，比如吸吮奶嘴。

（2）3～4个月：主动笑，渐渐因不如意而生气，好奇心增强而互动增多。

（3）5～7个月：快乐、悲伤、生气、好奇、厌恶、害怕越来越明显，开始对陌生人焦虑。

（4）8～9个月：以上情绪加大，焦虑感也加大，开始有分离焦虑，好恶感变得明显。

（5）10～12个月：害怕的事物增多，开始会拒绝，自我意识开始萌芽，挫折加重，开始主动寻求快乐。

（6）12～18个月：分离焦虑明显，但更好奇探索、暴怒、快乐兴奋，主动寻求快乐。

（7）18～24个月：上述情绪明显加剧，自我意识明显，成功时感到骄傲，失败时感到羞愧、羞耻、羡慕等。

（8）24～36个月：基本情绪与复杂情绪都越发明显，好恶分明，可以同理安慰他人的情绪。

◎ 帮助婴幼儿克服胆怯情绪

心理学研究表明，人生来惧怕的只有两样东西：一是怪而大的声音；二是身体失去支持而跌倒，其他的惧怕心理都是后来形成的。

比如，父母经常吓唬孩子，"别哭，再哭，大灰狼就来咬你了"，或孩子被小猫、小狗咬过等，这些都会影响孩子，使其变得胆小怕事，处于惊恐之中。

久而久之，就会形成退缩、冷漠、孤独、自卑等性格特点。因此，育婴师在日常生活中要帮助宝宝克服恐惧，学做一个勇敢的人。

1. 创造温馨家庭环境并鼓励孩子

创造一个温馨的家庭气氛，勇敢的孩子是在鼓励和肯定中成长起来的。在平时生活中，如果孩子取得了什么成绩，应该及时夸赞他、肯定他，并且鼓励他表现自我，让他看到自己的优点。当孩子犯错的时候，也不能大吼大叫，而是找到犯错的根源，与孩子沟通，让他明白错在哪儿，以及下次不要再犯同样的错误。同时多带孩子走向大自然，使孩子敞开胸怀，开阔眼界，从而增加自信心。

2. 给孩子一个广泛的社交群体

多与人接触，尤其是与同龄小朋友接触，帮助孩子扩大交往的范围。比如育婴师或家长可以带孩子多参加一些户外活动，如踢球、爬山、徒步旅行等，让孩子多与外界接触，可以锻炼孩子的胆量。如果孩子有某方面兴趣特长，也可以参加一些比赛，比如歌唱比赛、朗诵比赛、舞蹈比赛等。通过竞赛可以让孩子找到自己的闪光点，从而敢于在人前表现自我。

3. 培养孩子的独立性

端正教育态度，注意培养孩子的独立性、坚强的毅力和良好的生活习惯，鼓励孩子做力所能及的事情，让他学会自己照顾自己。从思想上认识对孩子的溺爱、娇宠，只会造成孩子怯懦、任性的性格。当孩子遇到困难时，不要一味包办，而要让他自己想办法解决。

4. 注重陪伴孩子

父母的爱才是孩子自信的源泉。父母的爱，不是给孩子多少物质或者玩具，而是耐心地陪伴。

另外，父母作为孩子的精神榜样，自己在孩子面前就得展现出自信的一面。父母在孩子面前最需要展示的良好品格就是自信心，自信的父母带给孩子的是稳定的情绪和安全感。

◎ 培养婴幼儿的社会交往能力

交往是人类的基本需求之一。宝宝之间的交往是社会化行为发展的重要方面。宝宝和小伙伴之间的交往，对其社会行为的发展起着积极作用。因为宝宝的模仿力很强，他们之间的行为是彼此模仿的榜样。

1.认识自我

将宝宝抱坐在镜子前，对镜中的自己说话，引导宝宝注视镜中自己的动作，可促进宝宝自我意识的形成。

2.应随时随地教宝宝周围东西的名称

多听多练，宝宝的言语能力很快就会发生惊人的变化。和宝宝说话，不仅有意识地给予不同的语调，还应结合不同的面部表情，如笑、怒、淡漠等，训练宝宝分辨面部表情，使其对成人不同语调、不同表情有不同的反应，并逐渐学会正确表露自己的感受。

3.发音训练

和宝宝说话时，应坐在他正对面的位置，让他清楚地看到大人的口形和表情，说话速度要慢而明确。

4.玩交往游戏

游戏不仅可以锻炼宝宝感知的能力，培养其注意力和反应的灵活性，还促进了宝宝与大人间的交往，激发其愉快的情绪。

（1）搭积木游戏。育婴师可多跟宝宝一起玩需要两个人相互配合的游戏，如搭积木等。在玩的过程中，大人不要只是让着他，而是要尽量以平等的姿态来玩，让宝宝学习与人配合。

（2）捉迷藏。因为0～3岁的宝宝太小，捉迷藏最好是三个人参加。

比如，育婴师和宝宝藏，妈妈找，在这个过程中育婴师应多跟宝宝商量事情，分析藏在什么地方有什么好处或坏处，两个人到底应该怎么藏，帮助宝宝学习与人沟通。

多做这些游戏，宝宝会自然而然地学到社交能力，也就知道了怎么跟小朋友相处玩耍。

5.带宝宝走出家门寻找交往对象

育婴师要在日常生活中给宝宝创造与他人交往的条件与机会，多带宝宝走出家门，和同龄人在一起，和小朋友们在一起，多和别人打交道，让宝宝在一次次的交往中得到锻炼。

第 **10** 章

婴幼儿
发展评价
及个性化
教学

◎婴幼儿发展评价的认知

婴幼儿发展是指0～3岁期间，个体在生理、心理以及社会行为上不断成熟、变化的复杂过程。婴幼儿发展评价是对婴幼儿发展水平和发展速度的评定和比较。

1.婴幼儿发展的特点

婴幼儿发展始终遵循着一个共同的规律和特点。无论是各种能力的形成还是行为系统的建立，都有一定的次序。任何一个婴幼儿在发展过程中都遵循着先学会抬头，再学会坐，之后学站，最后学走的发展顺序，而且无论是抬头还是坐、站、走，每个行为的出现都有一定的时间范围，这就是婴幼儿发展的阶段性和连续性，也是婴幼儿发展的基础。

2.婴幼儿发展的个别特点

每个婴幼儿都是一个独立的个体，会表现出不同的特点，即个体差异性，包括遗传素质的差异和后天发展的差异。这种差异形成了每个人不同的发展水平、发展方向、能力特征和个性人格特征。婴幼儿在发展过程中与众不同的差异表现，就是发展的个别特点。

掌握和了解婴幼儿的个别特点，是为了有针对性地设计和编制个别化教学计划。

3.婴幼儿发展的一般水平

为了更好地了解婴幼儿的发展情况，可将婴幼儿发展划分为生理发展、智力发展、社会情感发展三个部分，每一部分又可称为一个领域，不同年龄阶段的婴幼儿在各个领域中特征性行为表现就被视为婴幼儿发展的一般水平。

4.发展评价的意义

对婴幼儿整体发展水平、各项能力的发展水平及其发展速度进行科学评价，有助于对婴幼儿个体特征及发展需要进行全面、深入、客观地了解，这是设计和编制个别化教学计划的基础和前提。

5.发展评价的内容

婴幼儿发展评价主要包括以下两项内容。

（1）生理发展。对生理发展的评价，目前国内有身高、体重、头围、胸围、肌肉生长情况等平均数。育婴师可以将宝宝发育的指标与平均数比较，便可得知宝宝发育的一般情况，以便在营养、体育活动、卫生保健等方面采取相应的措施，使宝宝健康成长。

（2）心理发展。对心理发展（智力及社会情感发展）的评价，可以获得宝宝发展上的年龄特征，便于我们对宝宝进行良好的和科学的家庭教育。

比如，在宝宝语言发展上，测验结果认为，2～3岁是宝宝口头言语发展的关键期。

又如，在宝宝思维发展上，尤其是数的概念和运算能力的发展上，出生后8～9个月是分辨多少、大小的开始；2～3岁是计数能力（口头数数、按物点数、说出总数和按数取物）发展的关键年龄。在这些关键年龄期，对宝宝进行相应的教育和教学，能取得最佳效果。

◎ 婴幼儿发展水平评价标准

各年龄段婴幼儿发展水平评价标准如下。

1.4个月婴儿发展水平评价标准

（1）生理发展。

● 晚上大约睡6个小时。

● 每天平均睡眠时间为14～17个小时。

● 俯卧时能抬起头及胸部。

● 双眼能注视一个固定的位置。

● 双眼能跟随移动中的物体或人。

● 能抓住拨浪鼓或手指。

● 能用四肢做摆动和踢腿动作。

● 会打滚（由腹侧到背侧）。

● 在支持下能坐。

（2）智力发展。

● 能用嘴探索物体。

● 会玩手指、手、脚趾。

● 能对谈话声、拨浪鼓、铃铛等发出的声音作出反应。

● 会将头转向明亮的色彩及光线。

● 能辨别奶瓶和乳房。

（3）社会情感发展。

● 会用哭泣（有泪）表示疼痛、害怕、不适应孤单。

● 会牙牙学语。

● 喜欢被抚摸和拥抱。

● 能对摇动的拨浪鼓和铃铛作出反应。

● 会报以微笑。

● 能对游戏作出反应。

2.8个月婴儿发展水平评价标准

（1）生理发展。

● 长出第一颗牙。

● 会流口水、张嘴、咬东西。

● 一天至少要喂3～4次。

● 喂食时能接近杯子或调羹。

● 能在帮助下从杯子中喝水。

● 能吃一些分割得很细致的固体食品。

● 当不饿时会闭嘴或把头偏开。

● 晚上睡11～13个小时，但可能有较大变化。

● 白天至少打2～3次盹。

● 培养起对进食、排泄、睡眠及醒来的节奏感。

● 建立起真正的色彩感。

● 会由腹侧到背侧及由背侧到腹侧打滚。

● 坐立无须支持并能保持头部竖直。

● 能用胳膊和膝盖支撑形成爬的姿势，来回摇动，但可能不会前进。

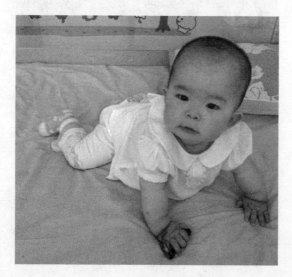

● 能用拇指和食指抓物。

● 能把物体从一只手换到另一只手。

● 头发长到可以盖住脑袋。

（2）智力发展。

● 会用不同方式的哭泣表示受伤、潮湿、饥饿及孤单。

● 能发出声音表示高兴或不高兴。

● 能够辨认并寻找熟悉的话音和声音。

● 通过使用嗅觉、味觉、触觉、视觉和听觉等多种感觉进行学习。

● 能将眼睛聚焦在小的物体上。

● 会找寻滚出视线的球。

● 能找到隐藏在毯子、篮子或容器下面的玩具。

● 通过触摸、摇动、打击来探索物体。

● 有表达力地牙牙学语，就像在说话。

● 喜欢将物体从椅子或小床边缘推落。

（3）社会情感发展。

● 会对自己在镜子中的影像微笑。

● 能对自己的名字作出反应。

● 对从高处（比如桌子或楼梯）掉下表示害怕。

● 花大量的时间看和观察。

● 对陌生人和家庭成员作出的反应不同。

● 能模仿别人的声音、动作和面部表情。

● 当玩具被拿走时会表示难过。

● 能作出尖叫、大笑、喃喃自语和微笑等反应。

● 喜欢被呵痒和被抚摸。

● 举起手臂表示被捉住。

● 能辨别出家庭成员的名字。

● 会对别人的痛苦作出表示苦恼或哭泣的反应。

● 和父母分开时表现出或多或少的焦虑。

3. 12个月婴儿发展水平评价标准

（1）生理发展。

● 晚上睡11～13个小时。

● 一些宝宝上午不再小睡；另一些仍在上下午小睡。

● 开始在白天拒绝奶瓶和喂奶。

● 每天吃三顿饭，中间加餐2次。

● 喜欢从杯子中喝水。

● 开始吃手上的食物。

● 继续用嘴探索各种东西。

● 喜欢开关柜橱的门。

● 能爬得很好。

● 能自己站起来。

● 能扶着家具站住。

● 能扶着家具或在成人的帮助下走路。

（2）智力发展。

● 说出第一个字。

● 会说爸爸、妈妈或类似的词。

● 会"跳舞"或随着音乐跳跃。

● 开始对图画书感兴趣。

● 注意人们的谈话。

● 在提示下能拍手、挥手再见。

● 喜欢把物体套在一起。

（3）社会情感发展。

● 能对名字作出反应。

● 喜欢在镜子中看自己。

● 对陌生人表示出害怕和担心。

● 要求随时能看到父母或照料者。

● 可以把玩具给别人，但期望他们归还。

● 可能会依恋心爱的玩具或毯子。

● 会把他不喜欢的东西推开。

● 模仿大人的动作，如从杯子中喝水、在电话中说话。

4. 12 ～ 18个月幼儿发展水平评价标准

（1）生理发展。

● 能爬得很好。

● 能自己站立、坐下。

● 会做出姿势或者用手指表示自己想要的东西。

● 喜欢推、拉和倾倒东西。

● 会拉掉帽子、短袜和手套。

● 会翻书页。

● 能把两块积木摞起来。

● 喜欢戳、拧和挤压东西。

● 喜欢冲厕所和关门。

● 喜欢在走路时搬运小的物品，通常一只手拿一个。

● 会抓住蜡笔涂鸦，但缺乏控制能力。

● 会摆手"再见"和拍巴掌。

● 能在无人帮助的情况下行走。

● 吃东西时喜欢抓着勺子，但要把勺子放进口中却很困难。

● 在得到请求时，会把皮球滚给大人。

（2）智力发展。

● 能说出8 ～ 20个你能听得懂的字。

● 会看和他说话的人。

● 得到提示时，会叫"爸爸""妈妈""爷爷""奶奶"等。

● 使用"啊啊"等表达方式。

● 想要某东西时，会指向它或用一两个字表达。

● 能认出书中的物体。

● 会玩"藏猫猫"游戏。

● 会寻找视线之外的东西。

● 能理解简单的指引，并且能照做。

● 喜欢把物体分开。

（3）社会情感发展。

● 和父母分开时，会表现出烦躁的情绪。

● 喜欢把东西递给别人。

● 能一个人在地板上玩玩具。

● 能认出镜中或画中的自己。

● 喜欢被抱着，喜欢听大人阅读东西。

● 爱模仿别人，特别是咳嗽、喷嚏等，并模仿动物的叫声。

5. 18 ～ 24个月幼儿发展水平评价标准

（1）生理发展。

● 能走得很好。

● 喜欢跑，但并不总能很好地停下和转弯。

● 能用吸管喝水。

● 会用勺子吃东西。

● 能在帮助下洗手。

● 能摞起2～4块积木。

● 能抛或滚大的皮球。

● 会打开柜橱、抽屉和盒子。

● 弯腰捡玩具时不会摔倒。

● 能在帮助下上楼梯。

● 会倒着走。

● 喜欢坐在有小轮子的会动的玩具上玩并移动玩具。

● 能抓住碗和球胆，但抓得很牢大概要到3岁左右。

（2）智力发展。

● 已掌握了几百个字，包括玩具的名称。

● 会使用含2～3个词的句子。

● 对别人说出的单字能发出回应。

● 玩耍时会自言自语，会富有表达力地"喃喃自语"。

● 对各种玩具表示出偏好。

● 喜欢在两件物品中选择一件。

● 哼唱，或者试着唱。

● 爱听短的节奏和玩手指游戏。

● 被问到时能指出眼睛、耳朵、鼻子、嘴巴等部位。

● 被提示时，会说"请"和"谢谢"。

● 喜欢唱熟悉的歌。

（3）社会情感发展。

● 开始表现出独立性，会说"不"。

● 喜欢模仿父母的动作。

● 有时会生气，还会发脾气。

● 不愿与人分享，占有欲很强。

● 不愿等待，需要马上得到想要的东西。

● 在陌生人面前表现出害羞。

● 会安慰失落的朋友或父母。

● 提到自己时用名字称呼自己。

● 会用"我"和"我的"。

● 喜欢看图画书。

● 尝试着自己做很多事情。

● 喜欢被大人注意。

● 喜欢玩简单的"假装游戏"，如戴帽子和对着电话讲话。

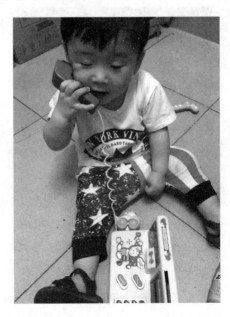

● 喜欢探索，往任何东西里面钻，需要大人一直照看着。

● 当被人打时，会表现出生理上的侵犯性。

● 用搂抱、亲吻表示亲热。

6.2岁幼儿发展水平评价标准

（1）生理发展。

● 乳牙基本上出全了。

● 能扶着栏杆上下楼梯。

● 会用勺子吃东西。

● 会翻书页。

● 能摞起4～6件物品。

● 很多孩子（但不是全部）将学会自己上厕所。

● 不需要帮助就能行走。

● 会倒着走。

● 能掷或滚较大的皮球。

● 能俯身和下蹲。

● 能打开柜橱，拉开抽屉。

● 能弯腰捡起玩具而不跌倒。

● 通过触摸、闻和品尝来体验事物。

● 喜欢推、拉、装满和倾倒物品。

（2）智力发展。

● 喜欢简单的故事、节奏和歌曲。

● 会用2～3个词的句子。

● 能说出玩具的名称。

● 哼唱或尝试着唱。

● 喜欢看着书。

● 被问到时，能准确、快速地指出眼睛、耳朵、鼻子等部位。

● 重复一个字词。

● 喜欢学习如何使用常用的习语。

（3）社会情感发展。

● 常常一个人玩，而不是和别人一起玩。

● 在陌生人面前表现得很害羞。

● 喜欢模仿父母。

● 容易受到挫折。

● 会亲热地拥抱和亲吻。

● 会经常性地发脾气，通常是因为他有想法却无法表达出来。

● 坚持独立去做几件事，不要别人的帮助。

● 会很大方地把玩具给别的孩子玩，但要他们归还。

● 需要相当长的时间才会改换另一项活动。

● 会表现出进攻性的行为并想要伤害别人。

● 会极端专横和固执。

● 当受挫或生气时会破坏周围的东西。

● 对照料人的关心有占有欲，会表现出嫉妒。

● 会害怕和做噩梦。

● 有幽默感，会大笑。

● 喜欢穿衣服、梳头和刷牙。

● 不能坐着几分钟不动或只玩一件玩具。

7.3岁幼儿发展水平评价标准

（1）生理发展。

● 外形变高变瘦，开始像个成年人那样。

● 乳牙已经出全。

● 每天需要大约1300卡路里的热量。

● 夜里睡10 ~ 12个小时。

● 夜里睡觉一般不尿床（偶尔发生是很正常的）。

● 能在帮助下上厕所（有许多男孩直到3岁多才开始学习自己上厕所）。

● 会穿鞋（但不会系鞋带）。

● 能在帮助下穿衣服（需要别人帮忙扣纽扣、暗扣，拉拉链）。

● 会自己吃饭（但会掉饭粒）。

● 会尝试着抓一只大皮球。

● 能把皮球扔过头顶。

● 能把皮球向前踢。

● 能自己爬上滑梯然后滑下来。

● 会蹬儿童车。

● 能沿一条直线走。

● 能用单脚站、保持平衡和跳。

● 能跳过15厘米的障碍物。

● 会用勺子和小叉子吃饭。

● 会刷牙、洗手、喝水。

● 对做饭烧菜的程序感兴趣。

● 会单脚跳。

● 能踮起脚尖走一小段距离。

（2）智力发展。

● 所说的话，有75% ~ 80%可以被理解。

● 能说含3 ~ 5个词的完整的句子，如"妈妈在喝果汁""那儿有一只大狗"。

● 有时会在某个词上吞吞吐吐，但通常不是口吃的表现。

● 喜欢重复词语和声音。

● 能专心地听短故事和听大人念书。

● 喜欢听人一字不改地讲他们熟悉的故事。

● 喜欢听故事和重复简单的节奏。

● 能看图或看书，讲简单的故事。

● 喜欢唱歌并能唱简单的调子。

● 能理解"现在、马上和将来"。

● 会问"谁、干什么、去哪里、为什么"等简单的问题。

● 能摞起5~7块积木。

● 喜欢玩黏土和面团（捣、卷和挤压）。

● 能拼6块拼图。

● 能画圆和方。

● 能辨别日常的声音。

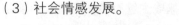

● 能把一个物体和一张画有该物的画联系起来。

● 能辨认常见的颜色，如红、绿、黄、蓝、黑、白等。

● 能数2~3件物品。

● 当他们乐意时，能解决一些简单的、具体的、真实的和迫切的问题。

● 对相同和不同很感兴趣。

● 能辨别、搭配一些颜色，并说出它们的名称。

● 对动物独有的特征很感兴趣。

● 有很好的自我意识，能理解自己和比自己小的宝宝的差异，但不理解自己和比自己大的孩子之间的不同。

● 能说出自己的年龄。

（3）社会情感发展。

● 寻求成人的注意和同意。

● 有时表现出对父母一方的偏爱（通常是和自己性别不同的一方）。

● 能接受建议并遵循一些简单的指示。

● 喜欢帮忙做简单的家务。

● 能在两件东西之间做出简单的选择。

● 喜欢装傻和逗别人笑。

● 喜欢靠近别的孩子，可以一个人玩，也可以和别的孩子玩，但仍不能合作或分享。

● 花大量的时间看和观察。

● 喜欢听关于自己的故事。

● 喜欢玩"造房子"的游戏。

● 喜欢模仿大人和别的孩子。

● 能回答他是个男孩还是个女孩这样的问题。

● 如果处于一个多元文化的背景中，会对自己和他人种族的身份表示出兴趣。

◎婴幼儿发展评价的方法

婴幼儿发展是全方位的、综合性的，评价也应该是全方位和多方面的。不但要评价婴幼儿运动、语言、认知等方面的发展，还要对其社会行为、情绪、气质等方面进行评价，这样才能全面了解婴幼儿发展的潜质。其评价方法可以参考以下3种。

1.观察法

观察法按照观察的时空条件、目的、角度等的不同，可以划分为以下5种。

（1）轶事记录观察法。观察者在日常生活中，将婴幼儿自然表露的行为进行原始、真实地记录，以此来了解婴幼儿的发展情况，有的放矢地进行教育。

（2）时间抽样观察法。在规定的时间间隔内观察记录预选行为是否出现的方法，主要适用于婴幼儿经常出现的行为和容易被观察到的外显行为。

（3）事件抽样观察法。观察者事先确定观察目的，选择某种或某类事件作为观察的目标，在观察中等待该事件的发生并仔细观察记录事件全过程的方法。它不受时间限制。在记录方法上，可以采用行为分类记录方法，记录婴幼儿的行为是否已经发生，而且可以加入描述性记录。

（4）情景观察法。在教育的实际情景下，

按照研究目的控制和改变某些条件，将婴幼儿置于与现实生活场景类似的情景中，由评价者观察在该特定情景中婴幼儿的行为。

（5）行为检核观察法。将要观察的项目和行为预先列出表格，然后检查行为是否出现，或行为表现的等级如何，并在所选择的项目上做上标记。行为检核是观察目的的具体体现，所以，这种方法可使观察更具有针对性。

在对婴幼儿发展进行评价时，可以将所选择的评价指标体系分解为若干个行为检核表，在各个阶段对婴幼儿进行核查，对核查结果进行统计分析，了解婴幼儿个体或群体的发展情况。

2.谈话法

谈话法是通过与婴幼儿面对面的交谈收集评价信息的方法，可分为直接问答的谈话（一问一答）、选择答案的谈话和自由回答的谈话、自然谈话等。运用谈话法时可采用录音记录的方式保存资料，也可用图文并茂的方式将谈话的内容记录、展示出来。

3.问卷调查法

问卷调查法是由评价者根据评价目的，

向被调查对象发放问卷调查表，广泛收集婴幼儿发展信息的一种方法。

◎ 评价工作注意事项

运用婴幼儿发展评价方法对宝宝进行全方位发展评价，能促进宝宝全面发展，为其终生发展打下坚实基础。育婴师在对婴幼儿发展做评价时，要注意以下事项。

1.测评间隔时间

婴幼儿出生后2～3天就可以做心理测试，以后可根据婴幼儿的具体情况来进行测试。

比如，1岁前每月测评1次，1～3岁可以3个月左右测评1次。但对于"高危儿"最好每月测评1次，这样可以更好地进行有针对性的个别化指导。

2.测评的情绪控制

要像做游戏似的，在婴幼儿愉快的情绪中测评。

（1）测评中如婴幼儿得分高，可夸奖说"很好""不错"。

（2）如果得分低，要保持镇定，不可影响婴幼儿情绪，不能让婴幼儿觉察到测评者态度的变化，使之感到压力，可以鼓励婴幼儿再做一次。

3.要引导家长正确看待测试结果

家长可能会非常看重测试结果，这时必须引导其正确看待测试结果。

测试的结果仅仅反映了婴幼儿当时的情况，仅为潜在能力大致的反映，不能准确预测将来的智能水平，更不能认为这是固定不变的。

婴幼儿的发育是不断变化的，其神经系统的发育有很大的可塑性和代偿性，不能凭一次两次测试结果轻易就下结论。况且，测试结果与测试人员个人素质和专业技术水平，以及受测试宝宝合作的程度均密切相关。

测试时，婴幼儿身体不适，或情绪不好，或想打瞌睡，或测试环境嘈杂等，都会影响测试结果，所以，对测试结果应以动态的眼光和积极、客观的态度来看待。

◎ 实施个别化教学计划

每个婴幼儿的发展不一样，所以测评的结果也就不一样，育婴师应该根据每个婴幼儿的个体需求制定一套有针对性的个别化教养方案，以备更好地提高每个婴幼儿的各项能力。

1.个别化教学计划的概念

个别化教学计划是根据每个婴幼儿的特点与需要制订适合婴幼儿个性的、能够促进婴幼儿发展的教学计划，是当今世界教育发展的潮流和趋势。

2. 实施个别化教学计划的形式

个别化教学计划的形式主要有一对一的个别教学、小组教学和团体教学三种。

一对一的个别化教学计划主要适用于家庭，小组教学和团体教学主要适用于托幼机构。可以根据教学的具体对象选择合适的教学方式。

◎ 制订个别化教学计划

育婴师可以参考以下步骤来制订个别化教学计划（以一个3个月的宝宝为例来说明）。

1. 对婴幼儿进行测评以了解其现状

以一个3个月大的宝宝，对其进行测评的结果，如下图所示。

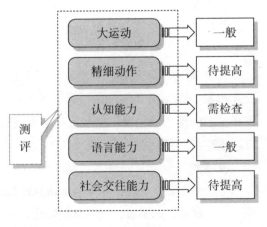

测评结果

2. 针对婴幼儿的测评情况对家长进行评价

评价要注意实事求是，不能为了考虑家长的心理情绪而夸大或隐瞒，并注意用词委婉且真诚，从而引起家长的重视。

比如，尽管目前不能断定宝宝有什么问题，但我们家长一定不要大意，要知道所有宝宝都有很大的发展潜力，加把劲就上去了，松口气就下来了。希望家长从现在开始，多学一些早期教育和培养的知识及方法，多跟宝宝做启智游戏。在宝宝大脑发育的关键期，应坚持每天做亲子游戏，尤其要加强落后能力的重点训练，如认知能力、精细动作、社会交往能力，以防影响将来发展。

宝宝的认知能力是一种综合能力，要发展得好，需要家长提供丰富的教育环境和必要的玩具、教具，并利用生活活动和亲子游戏，经常和宝宝进行交流和沟通。

如果家长已经准备了充足的玩具、教具，

并且注意了跟宝宝交流，而其发展水平仍然不理想，那就要反省一下是不是哪些地方让孩子感到不舒服，或者施加了太多的压力，致使其产生了抵触情绪。

3.提供教育训练综合指导建议

尽管宝宝还很小，但已经具有神奇的学习能力了，在这个阶段育婴师最主要的教育训练内容如下。

（1）指导家长对宝宝进行生活照顾，建立密切的母子关系。

（2）对宝宝进行适度的视觉和听觉刺激。

（3）坚持训练宝宝俯卧抬头的能力。

（4）给宝宝做按摩健康操，进行触觉刺激和全身被动运动，以增强体质，促进发育。

 育儿经

育婴师要叮嘱家长抓住宝宝的关键能力，并尽力丰富家长的科学育婴知识，进行创造性的及发挥宝宝主动性的早期教育训练。

4.制定开发婴儿潜能的教育训练方法

根据宝宝的测评情况，制定开发宝宝潜能的教育训练方法，包括语言认知生活类训练方法、动手操作和认知类训练方法、身体运动和控制类训练方法。

（1）语言认知生活类训练方法。

① 每天吃奶前、洗澡前和入睡前给宝宝听相对固定的宝宝调理音乐。

要领如下。

根据宝宝的生活和情绪表现，选择适当的音乐，如轻音乐、丝竹乐、做胎教时曾听过的音乐等，注意不要选择频率过高和刺激性强的音乐。

② 叫宝宝的名字，当孩子有了反应后，抱起来轻轻地抚摸孩子，并说"宝宝真聪明，知道阿姨爱你，宝宝懂事了"。

要领如下。

育婴师和宝宝要进行目光交流，双方都应该体验到情感的交融。

③ 育婴师准备几张颜色纯正鲜艳的认知卡片和靶心图、棋盘图，在距离宝宝眼睛30厘米左右的地方给他看，当宝宝不够专注时，可以通过前后移动图片吸引宝宝的注意。

要领如下。

宝宝盯着图片看时，育婴师清晰地给他讲解，如"红色，红苹果，红苹果很好吃，宝宝长大了就能吃红苹果""绿色，绿色的小树，小树长大了能长红苹果"。讲解要用简单的字和词，并不断地重复。

（2）动手操作和认知类训练方法。

① 在小床上吊起含有铃铛的吹塑球，用线绳将球固定在宝宝袖子上，鼓励宝宝挥舞手臂牵动绳子，使铃铛球晃动发声。

要领如下。

先给宝宝示范，当他自己拉响铃铛时，要及时表扬。

② 育婴师递给宝宝小摇铃，送到手中让他抓握。

要领如下。

选择几种不同触摸感觉的小摇铃，先让宝宝抓住，然后轻轻拉一拉，刺激他抓得更牢。

（3）身体运动和控制类训练方法。

① 当宝宝已经能自己抬起头后，育婴师在宝宝对面让他抓住自己的拇指，并用其他手指抓住宝宝的前臂，轻轻将宝宝稍稍拉起，至头部将离床面时，停留3秒钟左右再慢慢放他躺下。

要领如下。

拉起的速度一定要均匀，注意保护宝宝的腕关节和颈部，可以让宝宝自己抓着育婴师的拇指用力。

② 宝宝俯卧，在他一侧身体下面垫上枕头，育婴师用玩具逗引宝宝抬头看，让他伸手抓到后轻轻向斜上方拉，同时搬推宝宝膝部帮他从俯卧翻成仰卧。